U0892057

高等学校城市地下空间工程专业规划教材

地下工程概论

马桂军　赵志峰　叶帅华　主编

人民交通出版社股份有限公司
China Communications Press Co.,Ltd.

内 容 提 要

本书着重介绍了地下工程发展的历史，开发利用的必要性和前景，地下工程的分类和特性，各类地下工程的发展现状及特点，地下工程规划的原则内容与建筑设计，施工与管理，辅助设施以及地下工程灾害的分类、特点与防护。书中采用大量地下工程实际案例和图片来呈现地下工程发展的历史和成就。

本书为高等学校应用型本科城市地下工程专业的教材和教学参考书，也可作为土木工程、水利工程、建筑学等专业或其他理工类、人文类专业的选修课教材，亦可供高职高专或有关工程技术人员参考使用。

图书在版编目(CIP)数据

地下工程概论 / 马桂军，赵志峰，叶帅华主编. —北京：人民交通出版社股份有限公司，2016.8

高等学校城市地下空间工程专业规划教材

ISBN 978-7-114-13286-5

Ⅰ.①地… Ⅱ.①马… ②赵… ③叶… Ⅲ.①地下工程—高等学校—教材 Ⅳ.①TU94

中国版本图书馆 CIP 数据核字(2016)第 195480 号

高等学校城市地下空间工程专业规划教材

书　　名：地下工程概论

著 作 者：马桂军　赵志峰　叶帅华

责任编辑：张征宇　赵瑞琴

出版发行：人民交通出版社股份有限公司

地　　址：(100011)北京市朝阳区安定门外外馆斜街 3 号

网　　址：http://www.ccpcl.com.cn

销售电话：(010)59757973

总 经 销：人民交通出版社股份有限公司发行部

经　　销：各地新华书店

印　　刷：北京建宏印刷有限公司

开　　本：787×1092　1/16

印　　张：13

字　　数：290 千

版　　次：2016 年 8 月　第 1 版

印　　次：2024 年 7 月　第 5 次印刷

印　　数：7001-8500 册

书　　号：ISBN 978-7-114-13286-5

定　　价：32.00 元

高等学校城市地下空间工程专业规划教材

编　委　会

序　言

近年来,我国城市建设以前所未有的速度快速发展,规模不断扩大,人口急剧膨胀,不同程度地出现了建设用地紧张、生存空间拥挤、交通阻塞、基础设施落后等问题,城市可持续发展问题突出。开发利用城市地下空间,不但能为市民提供创业、居住环境,同时也能提供公共服务设施,可极大地缓解城市交通、购物等困难。

为适应城市地下空间工程的发展,2012 年 9 月,在教育部颁布的《普通高等学校本科专业目录》(以下简称专业目录)中,将城市地下空间工程专业列为特设专业。目前国内已有数十所高校设置了城市地下空间工程专业并招生,而在这个前所未有的发展时期,城市地下空间工程专业系列教材的建设明显滞后,一些已出版的教材与学生实际需求存在较大差距,部分教材未能反映最新的规范或标准,也没有形成体系。为满足高校和社会对于城市地下空间工程专业教材的多层次要求,人民交通出版社股份有限公司组织了全国 10 余所高等学校编写"高等学校城市地下空间工程专业规划教材",并于 2013 年 4 月召开了第一次编写工作会议,确定了教材编写的总体思路,于 2014 年 4 月召开了第二次编写工作会议,全面审定了各门教材的编写大纲。在编者和出版社的共同努力下,目前这套规划教材陆续出版。

这套教材包括《地下工程概论》《地铁与轻轨工程》《岩体力学》《地下结构设计》《基坑与边坡工程》《岩土工程勘察》《隧道工程》《地下工程施工》《地下工程监测与检测技术》《地下空间规划设计》《地下工程概预算》等 11 门课程,涵盖了城市地下空间工程专业的主要专业核心课程。该套教材的编写原则是"厚基础、重能力、求创新,以培养应用型人才为主",体现出"重应用"及"加强创新能力和工程素质培养"的特色,充分考虑知识体系的完整性、准确性、正确性和适用性,强调结合新规范、增大例题、图解等内容的比例,做到通俗易懂,图文并茂。

为方便教师的教学和学生的自学,本套教材配有多媒体教学课件,课件中除教学内容外,还有施工现场录像、图片、动画等内容,以增加学生的感性认识。

反映城市地下空间工程领域的最新研究成果、最新的标准或规范,体现教材的系统性、完整性和应用性,是本套教材所力求达到的目标。在各高校及所有编审人员的共同努力下,城市地下空间工程专业系列规划教材的出版,必将为我国高等学校城市地下工程专业建设起到重要的促进作用。

高等学校城市地下空间工程专业规划教材编审委员会

人民交通出版社股份有限公司

前　言

根据高等学校城市地下空间工程专业人才培养模式和“厚基础、重能力、求创新，以培养应用型人才为主”的编写原则，编写了本书。

本书共包括七章内容：第一章绪论，主要介绍了地下工程开发利用的历史、发展现状，地下空间开发的必要性和前景以及我国地下工程建设的发展；第二章地下工程的特性与利用，简要介绍了地下工程的空间分类、空间特性、优缺点以及地下空间的资源分析；第三章地下工程的建设类型，着重介绍了地下交通工程、地下民用建筑、地下市政管线工程、地下储藏库工程、地下街与地下综合体、城市地下工业工程、地下人防建筑等地下工程的类型、特点、发展概况及典型案例；第四章地下工程的规划与建筑设计，主要介绍了地下空间规划的基本原则与内容、地下工程的规划设计、地下工程结构设计方法、地下建筑的环境设计及典型案例；第五章地下工程施工与管理，简要介绍了地下工程明挖法、暗挖法、辅助工程施工、出渣运输作业等；第六章地下工程辅助设施，简要介绍了地下工程的供配电及照明、给排水、通风与环境控制系统、压缩空气供应；第七章地下工程灾害与防护，主要介绍了地下工程常见灾害、地下工程地震灾害防护、火灾防护、隧道及地下工程的防水、施工诱发环境灾害的预测和防护、地下工程事故灾害的防护、战争灾害的防护等内容。

本书在编写过程中，引入2016年6月住建部印发的《城市地下空间开发利用“十三五”规划》内容，努力做到注重实际，紧紧围绕当前城市地下工程建设事业的新发展。为了帮助读者更好地掌握各章节内容，每章后均附有思考题。

本书由马桂军、赵志峰、叶帅华担任主编，钱霞担任副主编。具体编写分工为：黑龙江工程学院马桂军编写第一、三章；南京林业大学赵志峰编写第二、四章；兰州理工大学叶帅华编写第五、六章；金陵科技学院钱霞编写第七章。全书由马桂军负责统稿。

本书的编写得到了高等学校城市地下空间工程专业规划教材编委会各位委员和参编老师的大力支持和帮助，在此表示感谢。

由于编者水平有限，书中缺点和错误在所难免，敬请专家和广大读者批评指正。

编　者

2016年7月

目　　录

第一章　绪　　论

地下空间是相对地上空间而言的，指地球表面以下由天然形成或经人工开发而形成的地下空间(subsurface space)。天然地下空间，如石灰岩山体由水冲蚀而形成的天然溶洞等，是与溶蚀、火山、风蚀、海蚀等地质作用有关的地下空间资源，按其成因分为喀斯特溶洞、熔岩洞、风蚀洞、海蚀洞等。天然地下空间可以作为旅游资源加以开发利用，也可以作为地下工厂、地下仓库、地下电站、地下停车场，战时亦可作为防空洞利用。人工地下空间包括两类，一类是因城市建设需要开发的地下交通空间、地下物流空间、地下储存空间等，如经人工挖掘构造的地铁、地下商业街等，另一类是开发地下矿藏、石油而形成的废旧矿井空间，如人们对自然资源开采后而留存的矿井等。

地下工程是在地面以下土层或岩体中修建的各种类型的地下建筑物或结构的工程。对人类来说，地下工程是一种资源，它包括交通运输方面的地下铁道、公路隧道、地下停车场、过街或穿越障碍的各种地下通道等，军事方面的野战工事、地下指挥所、通信枢纽、掩蔽所、军火库等，工业与民用方面的各种地下车间、电站、各种储存库房、商店、人防与市政地下工程，以及文化、体育、娱乐与生活等方面的联合建筑体等。随着国民经济的发展，人们越来越注重环保，同时地上空间越来越紧迫，综合各方面的因素，地下工程的应用越来越广泛，地下空间是人类的一个发展方向。

21 世纪人类面临着人口、粮食、资源和环境的四大挑战，随着城市现代化的建设，城市人口高度集中，生产和交通工具不断密集，大量的土建工程拔地而起，城市有限的空间资源和用地严重不足，居住、交通、环境的矛盾日益突出，城市的环境也日益恶化，这些都严重限制了城市的发展。过去，人们过分强调为自身的生存而向自然索取，人口的急剧膨胀与战争使地球自然资源迅速减少或遭受破坏，人们赖以生存的母体已向人类发出了严重警告，这样下去的结果最终会使人类自身受损，这绝非是危言耸听、杞人忧天。它如晨钟暮鼓，告诫人们必须从现在开始认真研究对策。这一切无不与建筑、与城市有关。

开发利用地下空间资源，为城市规模扩展提供了十分丰富的空间资源，是城市可持续发展的必然途径。地下空间具有良好的密闭性与稳定的温度环境，适宜掩蔽及对环境温度有较高要求的工程，如指挥中心、储库、精密仪器生产用房等。开发利用地下空间资源可以节约城市用地，保护农田及环境，节约资源，改善城市交通，减轻城市污染。地下空间建筑有较强的防灾减灾优越性，可有效地防御包括核武器在内的各种武器的杀伤破坏作用，对地震、风、雪等自然灾害及爆炸、火灾等灾害抵御能力较强，如对爆炸、火灾的蔓延控制较容易。当然，由于地下空间建筑处在岩土中，因此，施工难度大且复杂，一次性投资成本高，而且自然光线不足，与室外环境隔绝，对防水防潮要求较高，其封闭的特性对设备要求较高，人们对其适应性较差。

中国工程院院士钱七虎于 2012 年 12 月在南京举行的第六届青年学术论坛土木建筑分会场上指出："地下空间可以有效解决城市交通日益拥挤的现象，还可以避免出现拉链公路"，并明确提出"充分利用地下空间已经逐渐成为国际节能的新趋势"。

第一节　地下空间开发利用的历史

人类对地下空间的利用经历了一个从自发到自觉的漫长过程。推动这一过程的,一是人类自身的发展,二是社会生产力的发展和科学技术的进步。从某种意义上讲,地下空间利用的历史是与人类文明史相呼应的,可概括为以下四个时期。

一、远古时期

从人类出现至公元前3000年的远古时期,人类就开始利用天然洞穴作为居住的处所。在北京西南郊周口店村龙骨山发现的北京猿人头骨和使用火的遗迹,说明距今1万多年前的原始人类曾居住在自然条件比较好的天然岩洞,成为人类防寒暑、避风雨、躲野兽的处所,如图1-1所示,为山顶洞人居住的洞穴。1930年发现在北京市周口店龙骨山北京人遗址顶部的山顶洞,分为洞口、上室、下室和下窨,洞口向北,高约44m,下宽约5m。上室在洞穴的东半部,南北宽约8m,东西长约14m。在地面的中间发现一堆灰烬,底部的石钟乳层面和洞壁的一部分被烧炙,说明上室是山顶洞人居住的地方。日本也发现有340万年前的古人类居住洞穴,如帝释峡洞窑群、权现山洞窑群、圣岳钟乳洞等。在欧洲、美洲、西亚、中东、北非等地,都有一些穴居的遗迹,但年代已不很久远。

图1-1　山顶洞人的洞穴

二、古代时期

从公元前3000年至5世纪的古代时期,人类进入了铜器和铁器时代,劳动工具的进步和生产关系的改变,使奴隶社会中的生产力有了很大发展,导致在其鼎盛时期形成空前的古埃及、希腊、罗马,以及古代中国的高度文明,世界上第一座交通隧道是公元前2180～前2160年在古代巴比伦城中的幼发拉底河下修筑的连接皇宫与神庙间的人行通道。古代使用原始工具挖掘,速度最慢者是驱使3万奴隶挖掘,每周进尺仅75mm。这时地下空间的利用也摆脱了单纯的居住要求,而进入更广泛的领域,期间的几千年中,遗留至今的或者有历史可考的大型地下工程很多,如埃及金字塔、古代巴比伦引水隧道,均为此时代的建筑典范。我国秦汉时期的陵墓和地下粮仓,已具有相当的技术水准和规模。

萨摩斯隧道(图1-2),大约公元前525年建于希腊的萨摩斯岛上,是一队队奴隶用镐、锤和凿钎从一座石灰岩山中开凿出来的。它的直径为2m,穿过长于100m的一座山。当时萨摩斯的统治者——波利克拉特斯命令开凿隧道,将水从山的另一侧引到自己的首府。在波利克拉特斯的城市围墙设有水井。尤帕利努斯是负责隧道设计的工程师。隧道挖掘工程分头从两端开始,尤帕利努斯可能在山上布置了一条柱杆线,以便确定每一侧挖掘的起讫点。在两端的挖掘工人相互靠近之前,工程进展一切顺利。最后,竟然发现两端未能会合。但是,它们的距离已非常近,隧道很容易地便被连接起来了。如今,人们仍然可以参观萨摩斯隧道,它几乎保存完好。

图1-2 古希腊萨摩斯隧道

公元前2650—公元前2500年前后在埃及建造的金字塔(图1-3),实际上是用巨大石块堆积成的墓葬用的地下空间。在开罗近郊的胡夫金字塔,又叫齐奥普斯金字塔,形体为正方锥形,四面正向方位,塔高原为146.7m,由于陷蚀,塔高现为137m,底边各长232m,是用230万块、质量2.5t的石块干砌而成,建造这个金字塔历时30年;再如,前22世纪巴比伦地区的幼发拉底河底隧道,我国秦汉时期(公元前221年至公元220年)的陵墓和地下粮仓,已具有相当的技术水准和规模。公元前206年建成的中国秦始皇陵,据《水经注》记载,该陵"斩山凿石,旁形周围30余里"。秦始皇陵是世界上规模最大、结构最奇特、内涵最丰富的帝王陵墓(图1-4)。据史料记载,秦陵中还建有各式宫殿,陈列着许多奇异珍宝。秦陵四周分布着大量形制不同、内涵各异的陪葬坑和墓葬,现已探明的有400多个。秦始皇兵马俑(图1-5)是可以和埃及金字塔和古希腊雕塑相媲美的世界人类文化的宝贵财富,它们充分表现了2000多年前中国古代汉族劳动人民巧夺天工的艺术才能,是中华民族的骄傲和宝贵财富。中国汉代在今陕西褒城修隧道时,曾用火煅石法(用柴烧炙岩石,然后泼以水或醋,使之粉碎)开通了长14m、宽3.95~4.25m、高4~4.75m的石门隧洞(图1-6)。

图 1-3　埃及金字塔

图 1-4　秦始皇陵地宫模拟图

图 1-5　秦陵兵马俑

图 1-6 陕西石门隧洞

三、中世纪时代

从 5 世纪至 14 世纪的中世纪时代，欧洲进入了封建社会的最黑暗时期，这时地下空间的利用基本处于停滞状态。中国在该时期对地下空间的开发多用于建造陵墓和满足宗教建筑的一些特殊要求。如在南北朝至五代的几百年中（大约为 4 世纪中叶至 10 世纪中叶），兴建了大量佛教建筑，地下空间的利用为发展和保存这些宗教艺术珍品提供了有利条件。在陡峭的岩壁上凿出的洞窟形佛教建筑称为石窟寺，其中最著名的有山西大同的云冈山石窟（北魏）、河南洛阳的龙门石窟（北魏）、甘肃敦煌的莫高窟（图 1-7）（从北魏到隋、唐、宋、元各朝）、甘肃天水的麦积山石窟（图 1-8）（从后秦、北魏直到明清）等。

图 1-7 甘肃敦煌莫高窟

地下粮仓（图 1-9）作为军事储备，在战国时期就已修建。1971 年，在洛阳市东郊挖掘出一座地下粮仓，是隋朝建造的，一直使用到唐朝。库区面积 600m × 700m，已经发掘出的半地下粮仓已近 200 个，其中第 166 号仓直径 11m、深 7m、容量 $445m^2$，可存量粮食 2500 ~ 3000t。2005 年 10 月，在石家庄市灵寿县狗台乡北城东村古中山国都城遗址军事防御区内挖掘出一个战国时期地下军事粮仓，粮仓高 13m，粮仓壁十分整齐，被 8 层陶圈完全分割，每个陶圈高 80cm，由 4 个弧形陶片组成。战国粮仓体量之大、规制之高在全国实属罕见。

图 1-8　甘肃天水麦积山石窟

图 1-9　古代中山国地下粮仓

四、近代时期

从 15 世纪开始的近代时期是欧美的产业革命时期，诺贝尔发明黄色炸药，成为开发地下空间的有力武器，地下空间的开发利用进入了新的发展时期。17 世纪火药的使用和 18 世纪蒸汽机的应用，使在坚硬岩层中挖掘隧道成为可能，从而进一步扩大了开发利用地下空间的诸多领域，如 1613 年建成的伦敦水道、1681 年修建了地中海比斯开湾长 170m 的连接隧道等。19 世纪以来，蒸汽机的出现及铁路和炼钢工业的发展，促进了地下工程的发展。1826—1830 年英国修建了长 770m 的泰勒山单线铁路隧道和长 2474m 的维多利亚双线铁路隧道；1860 年开始修建伦敦地下铁道。19 世纪 60 年代以前，修建隧道都是用人工凿孔和黑火药爆破施工。1861 年修建穿越阿尔卑斯山脉的仙尼斯峰铁路隧道（图 1-10）时，首次应用风动凿岩机代替人工凿孔，从而加快了施工进度。1867 年修建美国胡萨克铁路隧道时，开始采用硝化甘油炸药代替黑火药，使隧道施工技术及速度得到进一步发展。20 世纪初采用中央导坑法施工，年平均进度达4.5km。

中国第一座铁路隧道是1887—1889年在台湾省台北至基隆窄轨铁路上修建的狮球岭隧道(图1-11),全长261.4m。此后,又在京汉、中东、正太等铁路修建了一些隧道。京张铁路关沟段最早修建的4座隧道(五桂头、石佛寺、居庸关、八达岭),是用中国自己技术力量修建的第一批铁路隧道,这其中最长的八达岭铁路隧道长为1091m,于1908年建成。中国在1950年以前,仅建成标准轨距铁路隧道238座,总延长89km。

图1-10 仙尼斯峰铁路隧道

图1-11 狮球岭隧道

第二节 地下工程发展现状

从历史上看,建筑物是伴随着人类的起源而出现的。在原始社会,建筑物是人类为了避风雨和防备野兽侵袭而产生的,最初人类的原始建筑就是地下穴居,也可以说地下空间建筑是现代建筑的最原始阶段。在漫长的社会不断进步的过程中，建筑发展到今天这样的模式，它不仅仅是完成最原始的功能，而且赋予了人们在生活、生产、政治、经济、文化、艺术、防灾、减灾、环保、生态、国防安全等方面所需要的众多功能。今天的科学技术日新月异，使建筑和城市也以从未有过的速度和景象在人们的视野中展现，绿色建筑、生态建筑、智能建筑、地下建筑等都是随着社会可持续发展的要求而出现的。

进入20世纪后，特别是60年代和70年代，地下空间利用达到了很大的规模。在一些发达国家，地下空间的开发总量都在数千万到数亿立方米，主要用于建造各种交通隧道、水工隧道、大型公用设施隧道和地下能源储库，城市地下空间的利用也占有一定比重。该时期典型地下工程主要包括：

一是地下铁道建设。到20世纪90年代初，世界上已有近百个城市修建了地下铁道，线路总长达3000km以上，长10km以上的就有41条。我国大瑶山铁道隧道（图1-12），长14295m，自1981年11月开始施工，于1987年5月建成；日本青函隧道（图1-13）连接北海道与本州，总长53850m，穿越津轻海峡，其海底长度达23.3km，1971年正式施工，1988年3月投入运营；英法海峡隧道总长50km，海底长度37km，1987年动工，1994年5月投入运营。

图1-12　大瑶山铁道隧道

图1-13　青函隧道

二是公路隧道建设。著名的公路隧道主要有瑞士的圣哥达隧道(图 1-14),长 16.32km;法国的弗雷瑞斯隧道,长 12.7km 等。

a)洞门处

b)隧道内

图 1-14 圣哥达隧道汽车专用隧道

三是地下电站建设。现代地下电站发展迅速,其中地下水力发电站的数目,全世界已超过 400 座,其发电量达 45×10^5kW 以上。地下电站的建设是十分庞大的地下工程,苏联的罗戈水电站,土石方量 510 万 m^3,混凝土用量 160 万 m^3,开凿的隧道、洞室 294 个,总长度达 62km。

城市地下空间开发利用,成为城市建设的重要内容,一些工业发达国家逐渐将地下商业街、地下停车场、地下铁道及地下管线等结合为一体,成为多功能的地下综合体。日本东京新宿副都心、大阪的梅田地下街,均达到现代化建筑水准。据统计资料,1970—1979 年,相当于百万人口的地下设施长度为 3.1km/百万人口,其中挪威每百万人口拥有地下设施长度达 19km,瑞典 9.5km、美国 4.2km、日本 2.8km。

为了合理开发利用地下空间,不断交流与提高地下工程规划设计与施工技术,有关地下空间利用的学术研究也相继开展起来。1970 年,联合国经济合作与发展组织在华盛顿召开了隧道工程咨询会议,有 19 个国家的代表团参加,这个会议标志着地下施工开凿技术国际隧道工程学会的建立;1977 年,在瑞典首都斯德哥尔摩召开了地下空间国际学术会议,与会各国第一次交流了开发地下空间的经验;1980 年 6 月,在联合国自然资源、能源和运输中心及瑞典政府各部(农业、商业、工业、住房和规划)及学术团体(岩石力学学会、隧道工程学会、工程地质学会)共同发起组织下,召开了有 40 个国家和国际组织的官员代表团、约 1000 人参加的国际地下空间学术会议。这次会议就环境保护、廉价仓库和节约能源等方面进行了国际的学术交流,会上产生了一个致各国政府开发利用地下空间资源,为人类造福的建议书,并建议在开发利用地下空间资源中进行国际技术合作的经验交流。1988 年 9 月,在中国上海举行第三届地下空间与掩土建筑国际学术会议;1999 年 7 月,在中国西安召开第八届地下空间国际会议,会议中心议题是地下空间的跨世纪议程与展望,邀请世界各国和地区的建筑师、工程师、考古学家、地理学家和经济学家等,研究与展望地下空间发展的跨世纪议程。这些国际的交流与合作,极大地促进了地下空间的开发与利用。

就目前而言,开发城市地下空间可应用于交通设施、商业设施、地下车库、市政公益管线设施、城市综合防灾建设、军事工程、仓储设施、高层建筑地下空间等领域。在可持续发展的社会中,地下空间的作用更加显著突出,主要表现在以下几个方面:

(1)水工隧洞可提供城市给水、排污水,对环境保护起重要作用;

(2)地下可提供储藏空间和其他空间,使土地利用面积倍增;

(3)重要的生命线可充分利用地下,提高抗御自然灾害的能力;

(4)地下是提供放射性废弃物或其他有害废弃物唯一安全的场所;

(5)交通隧道可提供安全、准时、快速、经济的交通手段;

(6)增加了作为生产设施、事务所以及居住等地下空间的利用;

(7)食品、液体、瓦斯等的地下储存;

(8)地下利用可极大地缓和城市的混杂。

近年来,世界各国对于地下空间的开发利用都十分重视。城市地下空间的开发利用,已经成为城市建设的一项重要内容,“可持续发展”被作为中国国策被提出,摆在每个学科、每个产业的面前,土木工程界也应顺潮流而反思。把地面活土多留点给农业和环境,使地下空间成为人类在地球上安全舒适的第二个空间,是土木建筑工作者的紧迫课题。国际上有许多专家称“21世纪是人类开发利用地下空间的新时代”。日本提出要利用地下空间,把国土扩大数倍。中国也开始重视地下空间利用的立法工作,各地区已开始进行地下空间的开发规划。

21世纪的城市在向高空发展的同时,也将加大开发地下空间的力度和深度,向地下索取更大的空间,以期创造更加美好的地下世界。

第三节　地下空间开发的必要性和前景

现代城市地下空间建筑的出现,一般以1863年英国伦敦建成的世界第一条地下铁道为标志,至今已有150多年的历史。大规模开发利用城市地下空间是从20世纪下半叶才开始的。随着社会的发展,城市化进程的加快,越来越多的建筑拔地而起,大厦密集,城市道路四通八达,与此同时,问题也接踵而来:用地紧张、生存空间拥挤、交通拥堵、生态失衡、环境恶化等,这给人们居住生活带来很大影响,也制约着经济与社会的进一步发展。在这种情况下,人们转向对城市地下空间的开发利用。

一、现在城市所面临的问题

1.城市人口急剧膨胀、拥挤到达了非解决的地步

目前世界人口总数已超过57亿,人口过多、增长过快以及结构不尽合理等所引起的社会、经济和生态环境问题,越来越被国际社会和各国政府所认识。作为世界上最大的新兴经济体,自1998年以来我国城市规模快速扩大,城镇化率每年都保持1.0%~2.2%的速度增长,2011年我国城镇化率首次超过了50%,2014年我国城镇化率达54.77%。根据2014年3月发布的《国家新型城镇化规划(2014—2020年)》,至2020年,中国常住人口城镇化率要达到60%左右,户籍人口城镇化率要达到45%左右,城镇人口将增加1亿人,到2020年超过100万以上人口的城市将超过200个。城市人口的增长使得大中城市的交通形势日趋严峻,传统的公共交通方式主要采用运量较小的公共汽车和无轨电车,无法有效地缓解客流高峰,道路拥挤、事故

频发、大气及噪声污染、能源紧张等问题也相应而来(图1-15、图1-16)。近年来,随着我国城市汽车保有量的急剧上升,特别是私家车拥有率的不断提高,城市交通体系越来越难以承受庞大的重负。因此,高度密集的城市居住人口和有限的道路空间资源现状,决定了我国要优先发展运量大、人均占用道路空间资源少、能耗和污染低的城市轨道交通系统。城市人口急剧膨胀、拥挤到达了非解决的地步。

图1-15 拥挤的过街人群

图1-16 堵车一景

随着现代经济的发展和城市水平的提高,在20世纪,生态失衡、资源耗竭、环境污染等问题相伴产生,特别是城市化的快速粗放发展,使许多城市产生"城市综合症",如交通拥堵、环境污染、生态恶化等。因此在现代化的都市中,地下城市正在崛起,地下已不再是阴冷潮湿的场所,而成为人类生态空间的又一延伸。

2. 城市无限制地扩大及占用耕地面积造成对土地资源的破坏

人类对自然资源的掠夺使近海、江河、近空、森林、土地都受到无法挽回的影响,且对土地及水的影响最大,人类面临来自环境的直接威胁。城市的无限制扩大常常意味着为建设住宅、街道和停车场而牺牲耕地、破坏植被。从自然或经济的角度来看,这样的土地很难再恢复成农田。城市发展导致土地不合理的开发利用引起的水土流失、土地沙漠化、土地次生盐碱化及土壤污染等，造成对土地资源的直接破坏。

当前我国土地资源形势不容乐观，全国耕地面积每年都在减少。改革开放以来，随着工业化和商品经济的发展，我国城市化进程加快，城市化水平以年均0.5%的速度增长，其增速处于世界前列。城市化发展、城区面积的扩张必然要占用耕地，这是城市化发展的必然结果。但在我国的城市化进程中，大量耕地被占用，导致土壤资源总量缩减。据有关资料显示，自1996年至2003年的7年间，中国耕地面积已由19.5亿亩减少到18.6亿亩，7年减少了近1亿亩，平均每年约减少1429万亩，比两个海南省耕地还要多。中国人均耕地已降到1.43亩，不足世界平均水平的40%。2003年，在全国31个省、区、市中，人均耕地低于0.8亩警戒线的已有6个。

3. 人口膨胀与占用耕地将直接引发生态的失衡、资源和能源的紧缺

人口膨胀与占用耕地、人类对自然的疯狂掠取和自身的疯狂繁殖，已造成严重恶果，地球上的森林资源、矿产资源面临枯竭，土地大面积荒漠化，淡水资源奇缺，生物资源遭到毁灭性打击，物种灭绝的速度高于地球史上其他时期上百倍。洪水、干旱、酸雨、飓风、热浪、寒潮、瘟疫、病毒、沙尘暴、泥石流等频频出现。

在生态环境与城市化方面，面临着生态系统的恶化退化、城市化加剧人地矛盾、生态环境制约与斜坡经济社会发展等更为严重的问题，对生态环境与城市建设等领域的研究提出了巨大的需求。比如在能源资源方面，我国的能源资源短缺问题日益突出，已经探明的油气资源与大宗矿产资源严重紧缺，生物资源的认知、收集、储备、研究和发掘严重不足。主要栽培的农作物品种和园艺品种90%以上的种子供应被国外垄断，粮食安全并没有掌握在自己手里。水资源的短缺污染、生态恶化与灾害加剧等问题凸现，并可能发生严重的水危机。

二、地下空间开发的必要性

1. 开发利用地下空间有利于推动城市经济持续发展

一般认为，人均GDP达到500美元后，就具备规模开发利用地下空间的条件；达到1000美元时，城市地下空间就进入规划和开发阶段；达到3000美元后，城市地面价格上涨，地下空间开发条件成熟，进入开发高峰时期。中国的人均GDP在2005年已超过1700美元，预计到2020年中国人均GDP将达到3000美元。根据中国城市化发展趋势的预测，到2010年中国城市化水平将达到45%左右，相应的城市人口将达到6.3亿人。城市化加速发展使得城市地下空间开发利用同步加快发展成为必然。

地下空间开发利用可以使城市服务功能得到新的补充，如地下公路、地下铁路、地下街道、地下商场等地下设施，连通地上城区繁华街道，既方便群众生活，又活跃地区经济。同时，地下空间在恒温性、恒湿性、集热性、隔热性、隔音性、遮光性、气密性、隐蔽性、安全性、抗震性等诸多方面优于地上空间，使一些有特殊需求的地面产业和项目，适当向地下空间延伸，不仅可以提高产品质量，降低生产成本，而且能缩减基建投资，改善劳动条件，实现更好更快的发展。日本充分开发利用其地下空间，大力建设共同沟、地下商业街、地下发电站、大型调节池和人工河道等设施，对拉动城市经济发展起到很好的作用。

2. 开发利用地下空间有利于节约耕地和土地资源

人类的生存依赖于可耕土地，当人类数量达到一定极限后，就会发生生存危机。世界总可耕地面积为15亿hm^2（hm^2为公顷单位，$1hm^2=10000m^2$），根据人口总数的发展预测，当全世界人口达到150亿，需要耕地数将达15亿hm^2，届时可发生世界性的人类生存危机。从我国目前情况看，可耕地面积约为1亿hm^2，预测到2050年我国人口总数为16亿，每公顷供养人数为16人，要求耕地产粮能力达到9600kg/hm^2（即亩产6400kg），这是极其困难的。目前，随着我国经济的持续快速发展，城市化进程加快，城市数量增加，城市规模不断扩大，城市高层建筑日益增多，地表空间越来越拥挤，使原本紧张的土地资源更加紧缺、匮乏。我国城市建设占用了大量土地资源，造成耕地损失，这种现象有增无减，持续下去必然带来我国人口的生存危机，而社会城市化水平的提高和城市用地的扩展又是不可避免的，这就带来生活用地与产粮耕地间的尖锐矛盾。既要珍惜和节约使用每一寸土地，又要推进城市化可持续发展，出路只有一条，那就是地上地下复合开发空间资源，走集约化、“紧凑型”立体发展之路。

3. 开发利用地下空间有利于改善城市环境

1978年改革开放以来，我国国民经济的高速发展促使城市化进程加快。到2004年，全国城市达到660多座，城镇人口占总人口比例达到41.8%。短时间内城市数量和规模急剧增大，人口膨胀、交通拥堵、环境污染、生态恶化等“城市综合症”也越来越严重。开发利用地下空间可使该症得到诊治。例如，将一些引起“三废”污染、噪声污染、危险品危害的项目（如汽油库、酒精库、剧毒物仓库、毛纺棉纺粉尘大的企业）适当安排在地下，同时，统一建立污染处理系统和设施，既可减轻地面污染，解决物资回收利用问题，又能降低地面建筑密度，腾出地面空间，改善地面建筑光照，增加广场绿地面积，美化和绿化城市。

从20世纪初至今，城市高层建筑的发展也带来一系列固有矛盾，包括城市环境恶化、空间狭小、城市中心失去吸引力、居民纷纷迁出，就是所谓逆城市化现象的出现。以高层建筑和高架为标志的城市高空发展是有限度的。许多历史文化名城，如罗马、巴黎、伦敦等，都采取有效措施禁止建设高层建筑，以保护历史传统风貌。城市土地中地下空间资源开发逐渐引起人们的注意，这样就形成地面、高空、地下多方位开发城市的过程，并取得良好效果。通过大力发展地下有轨交通运输，不仅推动地上城市建设，带动附近商业、物业的发展，而且实行人车分流，减轻地面交通负担，缓解中心城区拥挤状况，还因其能耗小、噪声低，对改善城市环境起到较好的促进作用，所以地下空间资源开发潜力是十分巨大的。

4. 开发利用地下空间有利于防护城市安全

地下结构位置低，有地层围护；地下空间有土层隔绝，可以防灾抗震。将地下空间开发与人防工程建设结合，不仅可以防泄漏、防爆炸、防细菌、防化学事故、防外部火灾，还可以在战时紧急情况下做好掩蔽工作，减少人员伤亡和财产损失，保证重要目标的安全。据记载，1976年唐山大地震，死亡24万人，地面建筑物毁坏严重，而地下工程绝大部分完好，人防工程中人员无一伤亡。伊拉克战争中，人员伤亡主要是地上，地下伤亡极少。这对我们是一个很好的启发。从19世纪末到20世纪80年代中期，我国应对特殊的国际环境，以人防工程建设为重点，推进城市地下空间开发利用。其中，一部分工程实现平战结合，既发挥了城市安全防护作用，也在平时发挥了一定的城市功能。上海建成一个大于9万m^2的超级地下场所。这个场所平时可作商业、车库和仓库等，紧急状态下可容纳10万人在里面安全生活，躲避地面发生的核辐射、有毒有害气体、爆炸等灾难。可以得到启示：只有适应现代化战争及城市抗灾救灾工作的要求，结合地下空间开发，加强民防建设，提高城市整体防护能力，才能确保人民生命财产安全和现代城市可持续发展。

三、地下空间开发的前景

近几年来，城市以前所未有的速度发展，人们在解决城市矛盾时，逐渐认识到开发城市地下空间，与关于建立宇宙城市、海洋城市、海底城市的一些想法相比较，是最现实的途径。

城市是人们生活和生产聚集的地方，城市人口的增加、城市化进程的加快、生产和交通工具的发展，导致城市问题增加与矛盾激发，其焦点主要是城市地面用地的短缺。现在城市地面用地的使用程度已经饱和，若继续采用修建高层建筑或提高城区地面建筑密度，或采用向郊区外延扩展的办法，则会进一步使城市环境恶化，给城市管理带来一定困难。所以，不论是为了现有城市状况的改善，还是为了未来的发展，都不能走单纯扩大城市用地的道路，而必须寻求新的途径，使得既能扩大城市空间，又不多占用土地；既节约能源，又能使城市生活现代化；既保护和利用城市空间，又充分利用新技术革命的成果。一些发达国家城市发展的实践证明，合理开发和利用城市地下空间，建设地下工程，不仅对于缓解城市中的多种矛盾是一个有效的措施，而且对于未来城市空间的扩大、资源的节省、环境质量的提高等，都能发挥积极的作用。

地下空间的发展对环境生态的保护作用以及社会可持续发展的支持是显而易见的。地下隧道可集中解决交通的快捷和安全，解决废气对空气的污染，解决污废水排放与提供清洁水等问题；地下建筑可有效地进行防震与防害，即防灾减灾功能远优于地面，它可减少由灾害带来的损失；可储存各种物品，如气体、液体、食品、危险品；可大幅度增加各种使用空间，保护地面城市与土地。如法国巴黎利用矿洞作为墓穴以减少公墓所占地，在密尔沃基地下深91.4m、长32.19km的空间，设置了18亿t的水处理系统。为此，各个国际组织及我国都相当重视地下空间的开发利用。

近年来，地下空间和城市建设方面的专家学者一致认为，现代城市的建设，除了建造高层建筑，使城市向空中发展外，开发利用地下空间，向地下发展是必然趋势。就目前而言，开发城市地下空间可应用于交通设施、商业设施、地下车库、市政公益管线设施、城市综合防灾建设、军事工程、仓储设施、高层建筑地下空间8个领域。日本、法国、德国、美国、英国等国家，为解决大城市中交通、商业、电力通信、停车场、上下水道等过密化的问题，已经开始把大量的城市设施向地下转移，城市地下建筑已经向更广泛的方向发展。日本在研究大深度地下空间的开发利用中，提出了多种关于如何在未来大城市中开发利用地下空间的构想，包括一些建设地下城市的建议。如清水建设公司提出的“大深度地下城市”(图1-17)构想。该方案以东京皇宫为中心，深度为50～60m，直径40km范围组成一座地下城市。城市组合在10km×10km的网格中，节点设一个直径100m的带有天窗的8层综合体，共4万m^2的建筑面积，每隔2km设一个3层的直径30m扁球体公共设施，展示了大城市空间立体开发的设想。

日本学者尾岛俊雄提出了在城市地下空间中建立封闭性再循环系统，又称为城市“集积回路”。其主要原理是把气—水—热—能的处理与转换进行再利用，形成一个封闭循环系统。尾岛还针对东京的状况，提出在 50～100m 深处的稳定岩层中建造“新干线共同沟”及东京市大深度地公用设施复合干线网规划。分析表明，大深度干线网需要很高的投资，但比传统的管线单独埋设要节约 30% 的施工费用，占用的空间体积也比分散埋设小得多。它的最大优越性在于共同性强、理维护方便、城市生活再循环程序将大大提高，这也是将来发展的必然趋势，如图 1-18 所示。

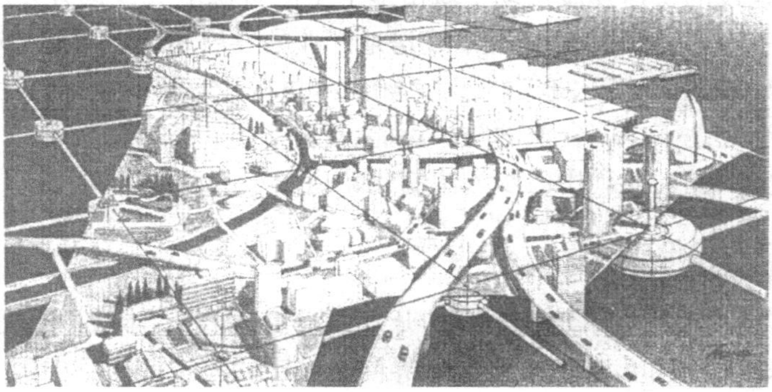

图 1-17 日本清水公司提出的“大深度地下城市”

图 1-18 未来的地下城市

从全世界范围看，地下空间虽未被很好地开发利用，但它确是一巨大的资源。目前城市内地下空间的开发深度一般已达 30m，有人估计，即使只开发城市总面积的 1/3 地下空间，就等于全部城市地面建筑的容积。这样估计虽然比较大胆，但说明地下空间资源潜力很大。在城市建设地下工程，还可以保存农业用地，减少城市能源供应量，美化城市环境，提高城市储备能力和防卫能力，具有较好的社会效益、环境效益和经济效益。

20 世纪 80 年代，国际隧道协会（ITA）提出“大力开发地下空间，开始人类新的穴居时代”的口号。1990 年，国际隧道协会的调查结果表明，地下空间利用将在 21 世纪末达到高潮；1991 年 12 月，在东京召开的城市地下空间利用国际会议上，与会代表一致认为，从构成城市建筑物的发展历史看，19 世纪是桥的世纪，20 世纪是高层建筑的世纪，未来的 21 世纪是人类开发利用地下空间的世纪。城市地下工程具有强大的生命力。

第四节　我国地下工程建设的发展

近年来,随着中国经济持续快速发展与城市化水平的提高,中国城市地下空间开发利用得到了大发展,其主要成就表现在:

(1)城市地铁建设的快速发展带动了城市地下空间资源的大规模开发利用。地铁建设推进了城市定向、有序的发展,并带动地铁沿线房地产业的发展和地下商业交通的开发利用。

(2)城市高层建筑的"上天入地"推进了城市空间的立体开发。

(3)充分开发利用地下空间资源的防护潜能,提高了城市综合防灾抗毁能力。

(4)城市地下空间的开发利用已步入法制化轨道。

一、我国地下工程建设成就

进入21世纪以后,中国城市地下空间的开发数量快速增长,体系不断完善,特大城市地下空间开发利用的总体规模和发展速度已居世界同类城市的先进前列。中国已经成为世界城市地下空间开发利用的大国。

1. 城市轨道交通建设速度居世界首位

高度密集的城市居住人口和有限的道路空间资源现状,决定了我国要优先发展运量大、人均占用道路空间资源少、能耗和污染低的城市轨道交通系统。2000年开始,国家首次把"发展地铁交通"列入国民经济"十五"计划发展纲要,并作为拉动国民经济持续发展的重大战略。2011年4月,交通运输部于发布的《交通运输"十二五"发展规划》中提出,要充分发挥轨道交通和快速公交在城市交通系统中的骨干作用,300万人口以上的城市加快建设以轨道交通和快速公交为骨干、以城市公共汽电车为主体的公共交通服务网络。2013年5月,《国务院关于取消和下放行政审批项目等事项的决定》发布,明确城市轨道交通项目由省级投资主管部门按照国家批准的规划核准。在我国城镇化迅速发展及一系列政策的引导下,我国城市轨道交通的建设范围逐步从以一线城市为主,向省会城市、经济发达二线城市进行转移。近年来,国内各大型城市均对轨道交通的建设进行了规划,城市轨道交通事业发展迅猛。2012年9月,国家发改委批准了23个城市轨道建设项目及近期建设规划,其中,石家庄、太原、兰州、广州、沈阳、厦门、常州、哈尔滨、上海9个城市获批轨道交通近期建设规划及调整方案,此次获批的建设项目将新增城市轨道交通运营里程2161km;2013年以来,国家先后批复了徐州市、成都市、杭州市、无锡市、南通市等多个城市轨道交通建设规划。目前,全国共有39个城市轨道交通建设规划获批,包括了北京、上海、天津和重庆4个直辖市;深圳、厦门、宁波、青岛、大连5个计划单列市;大部分的省会城市(海口、银川等规模较小的省会除外);苏州、东莞、无锡、常州等经济比较发达、人口规模较大的城市。可以说,这些城市囊括了我国最主要的一、二线城市,总的规划里程超过7300km,为我国轨道交通行业的长远发展奠定了基础。

最近几年,中国城市轨道交通进入了空前发展的时期,截至2014年,全国城市轨道交通行业完成投资2857亿元。2014年末,全国22个城市共开通城市轨道交通运营线路长度3173公里。其中,地铁2361公里,占74.4%;轻轨239公里,占7.5%;单轨89公里,占2.8%;现代有轨电车141公里,占4.4%;磁浮交通30公里,占0.9%;市域快轨308公里,占9.7%;APM4公里,占0.1%。2015年全国城市轨道交通总投资将完成3000亿元。以北京为例(图1-19),北京实施公交优先发展战略,加大轨道交通建设力度。“十二五”时期轨道交通建设投资2000亿元,新增运营里程218km,总里程达到554km。仅仅在2015年,全国城市轨道交通开通就有31条(表1-1)。

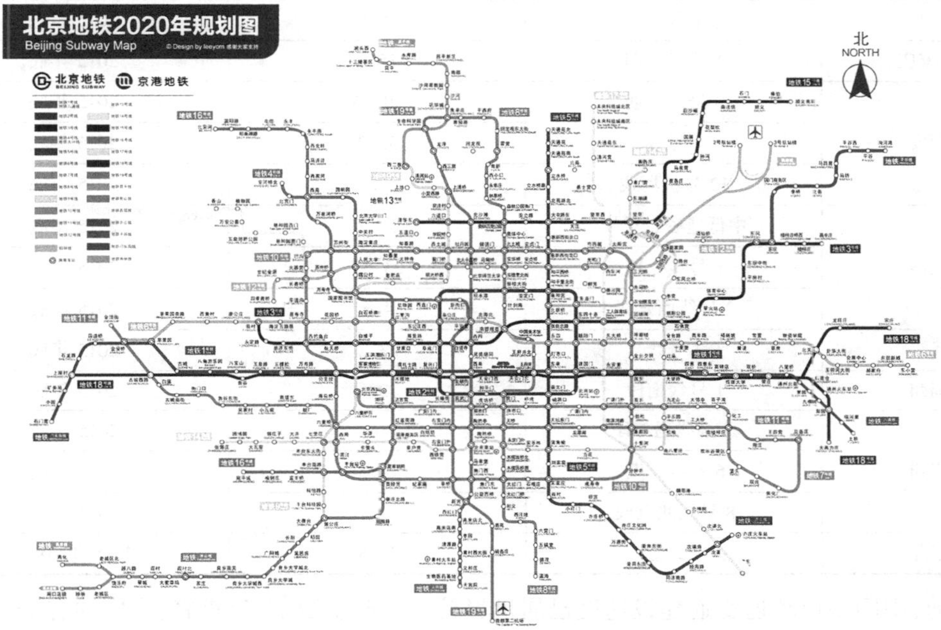

图1-19 2020年北京轨道交通规划图

2015年全国城市轨道交通开通情况汇总表 表1-1

城市名称	轨道交通编号	里程(km)	通车时间
成都	1号线南延线	5.4	2015年7月
	3号线一期	19.96	2015年底
	4号线一期	22.4	2015年底
重庆	3号线北延段	9.9	2015年底
北京	14号线中段	12	2015年底
	昌平线二期	10.6	2015年底
上海	11号线迪士尼段	9.15	2015年底
	12号线西段	39.5	2015年底
	13号线二期	11	2015年底
大连	1号线一期	17.7	2015年底
	2号线二期	20.7	2015年底
青岛	M2号线	25.2	2015年10月
	M3号线	25	2015年12月1日

续上表

城市名称	轨道交通编号	里程(km)	通车时间
南京	3 号线	44.8	2015 年 4 月 10 日
杭州	1 号线延伸段	5.6	2015 年底
宁波	2 号线一期	28.35	2015 年底
郑州	2 号线一期	20.65	2015 年 12 月 26 日
南昌	1 号线	48.6	2015 年底
石家庄	1 号线一期	35.8	2015 年底
西安	3 号线一期	39.15	2015 年底
	4 号线	35.2	2015 年底
	12 号机场线	28	2015 年底
长沙	中低速磁悬浮线	18.7	2015 年底
	1 号线一期	23.57	2015 年底
	2 号线西延线	4.6	2015 年底
武汉	3 号线	33.2	2015 年底
福州	1 号线南段	29	2015 年底
广州	广佛线延伸段	?	2015 年底
	6 号线二期	24.3	2015 年底
	8 号线北延段	15	2015 年底
东莞	R2 线	37.8	2015 年 10 月

当前,中国城市轨道交通建设速度已居世界首位。截至 2015 年年底,全国共有 25 座城市的 112 条轨道交通线路开通运营(二期工程、支线和延伸线已合并计入线路主线),合计总里程达 3286.51km,车站 2255 座(换乘站重复计算),线路形式有地铁、轻轨、独轨、有轨电车、磁悬浮和 APM。预计到 2020 年,全国拥有轨道交通的城市将达到 50 个,到 2020 年我国轨道交通要达到近 6000km 的规模,在轨道交通方面的投资将达 4 万亿元,也就是说未来几年城市轨道交通的投资将保持大幅增长。中国轨道交通大发展,高居世界首位。2016 年 3 月 14 日举行的十二届全国人大四次会议上,交通运输部部长杨传堂表示,公共交通优先发展是一个重要方向,特别是轨道交通,现在运行的已经达到了 3300 多公里,在"十三五"时期,我们还要加大发展力度,有望达到 6000km,最后的长远规划在 7000km 以上。

2. 大型城市地下综合体建设项目多、规模大、水平高

中国许多城市结合地铁建设、旧城改造、新区建设大型城市地下综合体,提高土地集约化利用水平,解决城市交通和环境等问题,同时也塑造了城市新形象。大型城市地下综合体建设项目多、规模大、水平高。许多城市结合地铁建设、城市改造和新区建设,建设了规模巨大、功能综合、体系完整的地下综合体。如作为北京市重点工程的中关村西区地下综合管廊工程(图 1-20、图 1-21),位于北京中关村科技园区的核心区,被称为科技园区的心脏,是科技园投资最大、标准最高、设施最完善的建设项目,其建成后将为占地面积 $52hm^2$,规划建筑面积 130 万 m^2 地上工程服务。中关村西区地下综合管廊工程地下建设面积近 30 万 m^2,分为地下综合

管廊和地下空间两部分，整个地下管廊投资约17亿元。地下综合管廊负一层是贯穿整个社区的交通环廊，将地面交通移到地下，较好解决了地面交通问题，今后在科技园核心区地面上，全部是步行街、花坛、绿地，充分体现了科技与人文的设计理念；负二层为车库、商业、餐饮、库房、物业服务管理等设施；负三层为管廊，有燃气、热力、电力、电信、自来水等公用设施，为了将这些公用设施送到地面，共铺设主支管线约3km。整个工程的超前设计理念在国内都尚属首例，营造了中国最大立体交通网，创立综合管廊、地下空间开发、地下环行车道的三位一体的地下综合构筑物模式。

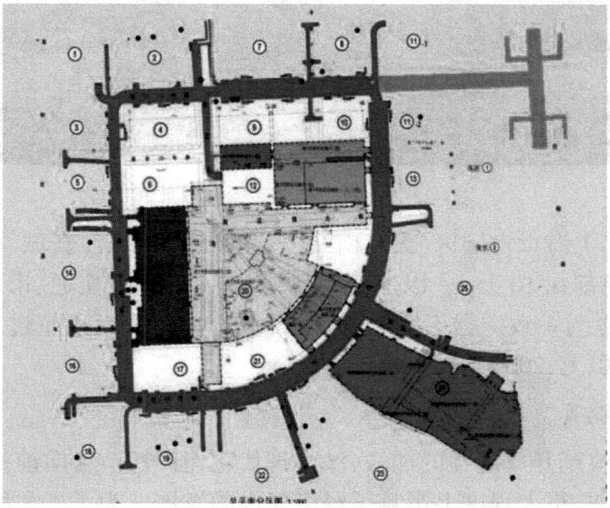

图1-20 中关村西区地下综合管廊位置示意图

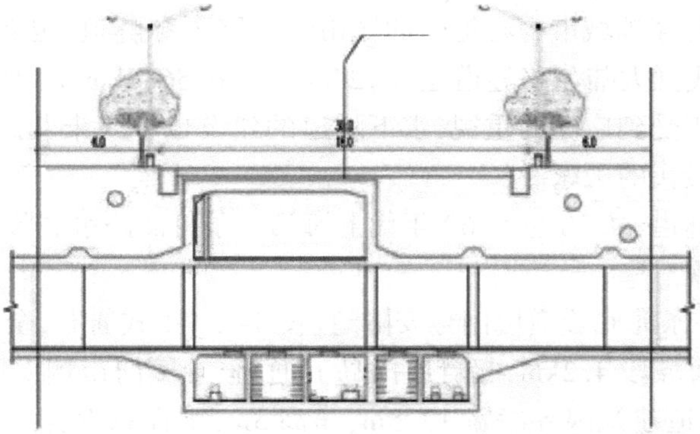

图1-21 中关村西区地下管廊横断面示意图

2015年，昆明市规划对昆明中心城地下空间进行分类，包括地下交通系统规划、地下公共设施规划、地下市政设施系统规划、地下空间安全规划等。对地下综合体和商业，规划在中心城范围选择11个区域作为大型地下综合体和地下商业街的主要建设区域，选择9个区域作为大型下沉式广场的重点布局区域（图1-22）。今后，昆明市将加强对中心城地下空间资源的整体保护与开发约束，开发集约高效、功能完善合理的昆明城市地下空间系统。到2020年，地下空间开发量将相当于城市建筑总量的10%以上；到2030年，地下空间开发量将相当于城市建筑总量的15%以上。

图 1-22　昆明城市地下综合体效果图

北京奥运中心区、上海世博园区、火车南站、五角场、广州珠江新城、杭州钱江新城波浪文化城等，这些项目规模都在 10 万 m^2 以上，开发层数 3～4 层，集交通、市政、商业于一体，内部环境优越，地上地下协调一致。据不完全统计，目前国内建成面积超过 10000m^2 以上的地下综合体数量在 200 个以上，20000m^2 的近百个。

3. 隧道建设举世瞩目

近年来随着中国改革开放进程的加快，城市现代化建设快节奏向前推进，拥挤的交通给人们的生活带来诸多不便，很大程度上影响了经济建设的发展。为了扩大城区，需要拓展城市区域，许多城市为改善城市环境质量、解决城市交通拥挤、降低汽车尾气和噪声污染，相继修建了许多隧道。这其中既有穿越城市中心地带的城市快速路下穿隧道，也有多山城市中的穿山隧道。截至 2014 年底，我国大陆公路隧道建成 12404 处，10756.7km，居世界第一。同时，采用隧道穿越江海的优越性正受到广泛的重视，水下隧道的建设也方兴未艾。我国成为世界公路隧道最多、最复杂、发展最快的国家。

中国的越江越海隧道，从 20 世纪 60 年代上海第一条打浦路水底隧道投入运行开始，城市隧道工程开始大量涌现。

2010 年，中国第一条海底隧道厦门翔安隧道（图 1-23）正式通车，全长 8.695km，跨海主体工程长 5.95km，其中海域段 4.2km，起自厦门岛五通，止于厦门市翔安区西滨，隧道最深在海平面下约 70m，主洞隧道建筑限界净宽 13.5m，净高 5m，工程总投资约 32 亿元人民币。厦门翔安隧道标志着我国海底隧道自主设计、自行施工的能力跃入世界先进行列。青岛胶州湾海底隧道，隧道采用双向双洞六车道，线路全长 6.17km，隧道长 5.55km，穿越海底段 3.95km，两端敞口段长 0.62km，中间设服务隧道，采用钻爆法施工，项目投资 30 多亿元。上海长江隧桥工程，采用“南隧北桥”方案，全长约 25.5km。“南隧”即沪崇长江隧道长约 8.9km，隧道计算行车时速为 80km/h，总投资约 126 亿元，创造三项“世界之最”：长：盾构连续推进 7.5km，是目前世界上连续施工距离最长的同类工程；大：隧道内径约 13.7m，外径约 15m，盾构机直径 15.43m（图 1-24），是目前世界上最大的盾构隧道；深：水下最大埋深约为 55m，为世界历史上最深的江河下隧道。

图 1-23 厦门翔安隧道

图 1-24 世界最大盾构——上海长江隧道直径 15.43m 盾构

4. 城市地下空间规划得到普遍重视

到目前为止,已有北京、上海、重庆、南京、杭州、青岛等 20 多个城市编制了城市地下空间专项规划,有效地规范了城市地下空间开发利用。许多城市结合城市中心区改造和新区建设编制了地下空间详细规划,如北京的中央商务区、中关村西区、奥运中心区、金融街、王府井商业区等,对该地区科学、合理、有序地开发利用地下空间起到了有效控制和科学引导的作用。

二、我国地下工程发展前景展望

21 世纪初,中国经济将持续稳定增长,城市化水平不断提高,特别是当前中国政府提倡建设资源节约型、环境友好型社会的要求,因此中国城市地下空间开发利用将越来越得到重视。到 2020 年,中国不仅将成为世界城市地下空间开发利用的大国,也将成为世界城市地下空间开发利用的强国。

1. 城市地下空间的总体规模和总量将居世界首位

城市地上地下空间协调发展，城市地下空间的总体规模和总量将居世界首位。以北京为例，到2020年，北京市地下空间建成面积将达到9000万m^2，人均拥有面积达到5m^2。根据北京中心城区地下空间规划，到2020年，中心城区的地下空间规划将达到地面建筑总面积的20%～30%。北京市出台的轨道交通新规划方案：到2020年，全市轨道交通的总里程将超过1000km。未来10年内，北京轨道交通将以每年40km的速度增长，市民在五环以内使用轨道交通能在20min内到达目的地；二环以内步行5min内就能找到一个地铁车站，公共交通设施将成为80%左右市民的主要交通工具，其中一半的人将会经常使用轨道交通。

城市地下空间将建成网络型的有机体系，地上地下空间协调发展。根据建设部《城市地下空间开发利用管理规划》的要求，中国100万以上人口的城市均要完成城市地下空间专项规划的编制，使大城市地下空间开发利用有计划、有步骤地进行，许多城市将形成系统化、现代化的城市地下空间体系，包括建设完善的地下交通系统、地下生命线系统、地下防空防灾系统、城市重点地区地下公共设施系统（表1-2）。

国内部分城市地下空间规模与规划预测量　　表1-2

城　　市	规划范围（km^2）	现有开发量（万m^2）	统计年份（年）	规模预测量（万m^2）	规划年限
北京	1085	3000	2006	9000	2004—2020
上海	600	1600	2006	—	—
南京	258	280	2005	730	2002—2010
深圳	2000	1900	2005	—	—
青岛	250	200	2004	2544	2004—2020
无锡	1662	200	2005	1500	2006—2020

同时，多个地下城将形成。广州珠江新城核心区地下城建筑面积60万m^2，武汉王家墩商务区地下城，总建筑面积超过300万m^2，上海世博园区地下城建筑面积将达到40万m^2。杭州钱江新城核心区地下城（图1-25），以波浪文化城（100000m^2）和地铁1、2号线换乘站为骨干，形成地下城，地下空间总量达到200万m^2。

2. 城市轨道交通成网络，隧道建设前景广阔

城市地下快速路将形成体系，地下市政综合管廊形成网络，地下物流系统将在许多城市建成。北京市将建地下快速路网，设计为四纵两横格局，2016年北京将进入轨道交通建设的高峰期，在建里程将达200km以上。据统计，2016年，成都新开地铁5线6项目，武汉有14条地铁线同时在建，南京建设的地铁线多达7条，广州重点项目推进11条地铁、城轨建设，青岛在建地铁线达7条，上海再迎地铁建设大年，将有10条线路总计里程216km全面开建（图1-26），10座车站改造“升级”等，可以说中国城市轨道交通建设进入了高峰期。同时，上海正在研究集装箱地下运输系统的可行性，北京也在制订地下物流系统的可行性方案。许多城市正在研究市政综合管廊建设的法律法规，探索市政综合管廊建设的体制、机制，目前已经出现了多种形式的市政综合管廊投融资模式，北京正在结合地铁建设大力建设市政综合管廊。

图 1-25 杭州钱江新城核心区地下城

图 1-26 上海城市轨道交通规划图

另外，在经济发达地区，如珠江三角洲地区、长江三角洲地区、京津塘地区，正在酝酿建设城市间轨道交通前期工作。珠江三角洲步伐更快一些，城际快速轨道交通分 3 个层次：一是高速铁路作为轨道交通主骨架；二是城际快速铁路；三是城际区域线。

近年来，为适应城市发展，相继开发利用城市地下空间资源。新技术、新方法、新材料的发展，先进施工机具的不断问世，各种施工方法的改进，高级防水材料的涌现，以及工程地质学、岩土力学和工程力学理论研究新进展，为城市地下工程的发展创造了条件，使地下空间的开发利用得到了较快的发展，地下空间规划和开挖技术得到进一步提高。根据专家咨询，对中国城市地下空间利用进行研究结果表明，中国将进入大规模开发利用地下空间的时代。因此，根据我国国民经济发展规划，确定城市地下空间利用实施规划，是一件极为重要的大事。在研究未来城市地下工程建设方向时，原则上地下工程的建设必须同城市发展与经济发展相适应，应使人的居住和工作留在地上自然环境中，而将其他各种活动移到地下去，但随着时代的进步，城市地下空间的利用将更为广泛，与自然环境的差别将更为缩小，未来城市地下工程建设有着广阔的前景。

住房和城乡建设部于2016年6月印发《城市地下空间开发利用"十三五"规划》（以下简称《规划》）。《规划》提出的总体目标是，科学和合理地推进城市地下空间开发利用，大力提高城市空间资源利用效率，充分发挥城市地下空间综合效益，更好发挥地下资源潜力，形成平战结合、相互连接、四通八达的城市地下空间。力争到2020年，初步建立较为完善的城市地下空间规划建设管理体系。

《规划》还提出了3个具体目标。一是建立和完善城市地下空间规划体系，推进城市地下空间规划制定工作。到2020年，不低于50%的城市完成地下空间开发利用规划编制和审批工作，补充完善城市重点地区控制性详细规划中涉及地下空间开发利用的内容。二是开展地下空间普查，推进城市地下空间综合管理信息系统建设。到2020年，不低于50%的城市初步建立包括地下空间开发利用现状、规划建设管理、档案管理等的综合管理系统，有效提升城市地下空间信息化管理能力。三是健全地下空间开发利用各项管理制度，完善有关法律法规、标准规范的制定。

可以预计，今后20年或更长时间，将是中国城市地下空间大规模建设的高峰期。中国的城市化只有走城市土地资源高效利用与地下空间综合开发的道路，才能实现可持续发展。

思考题

1. 什么是地下空间？简述开发地下空间的意义。
2. 地下工程空间开发利用的历史概括为几个时期？举例说明每个时期的典型地下建筑。
3. 阐述地下空间开发的必要性。
4. 简述我国地下工程的建设成就。

第二章　地下工程的特性与利用

第一节　地下工程的空间分类

地下工程泛指修建在地层之中的各类工程。由于地层条件和工程类别千差万别，所以地下工程根据不同的标准可以分为不同的类别。比较常见的分类标准有：按照存在环境分类，按照埋藏深度分类，按照功能特点分类，按照地下空间利用内容分类，按照与主体关系分类等。

一、按照存在环境分类

按地下工程的存在环境可分为两大类：一类是修建在土层中的；一类是修建在岩层中的。由于土层和岩层的物理力学性质存在较大的差异，所以在土层和岩层中进行地下工程施工的难度相差很大。一般而言，岩石的硬度大、完整性好，开挖困难。而土是岩石风化后的产物，是碎散颗粒的堆积体，硬度小、开挖容易。根据土层和岩层的特点和开挖难度，在相应的地下工程建设中要采用对应的施工机械和施工方法。

二、按照埋藏深度分类

地下工程虽然是埋置在地面以下，但是埋置的深度不尽相同。按照埋置深度，可以把地下工程分为：浅埋地下工程和深埋地下工程两大类。如图 2-1 所示，具体又可细分为：

(1)浅层地下工程：地面(0m)至地面以下 -10m；

(2)次浅层地下工程：-10m 至 -30m；

(3)次深层地下工程：-30m 至 -100m；

(4)深层地下工程：-100m 以下。

三、按照与主体的关系分类

根据地下建筑与主体建筑的关系，可将地下工程分为单建式和附建式两大类。其中，单建式指的是整个地下工程是独立建于地下，与地上建筑没有直接或明显的关系，如单独修建的地下储藏设施等。而附建式指的是整个工程既有地下部分，也有地下部分，地下建筑是整体的一部分，如大型购物中心的地下停车场等。

四、按照地下空间利用的内容分类

根据地下空间利用的内容，可将地下空间分为有人空间和无人空间两大类。一般而言，有人空间由于人的存在，从安全、舒适等角度出发，地下工程的开发深度不宜过深；而无人空间由于没有人这个最为主要因素的限制，理论上开发深度可以不受限制。表 2-1 为日本对城市地下空间利用内容的分类。

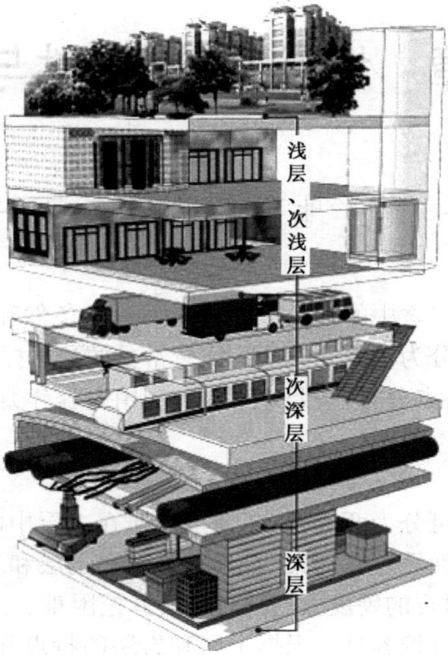

图 2-1　不同深度的地下空间利用

日本对城市地下空间利用内容的分类　　表 2-1

有人空间	无人空间			
生活设施	基础设施	生产设施	储存设施	防灾设施
住宅、地下室	供水、排水设施	发电厂	能源	避难设施
学校、医院	煤气、电力设施	生产工厂	粮食	防洪设施
商业街	交通设施		水	储备设施
办公室			废弃物	
文化设施				
停车场				
仓库				

五、按照功能特点分类

开发地下空间、修建地下设施的主要目的是为了满足人类的生存和发展需求，可以按照一般设施的分类方法将地下工程按照其功能特点进行分类，将功能相近的归为一类，以便更好地指导地下空间的开发。具体可分为以下几种：

1. 地下居住建筑

地下居住建筑主要包括覆土住宅、单建式及附建式住所、窑洞等。地下住所的环境应能满足人类生活中对健康的需要，特别是在气候恶劣的地区，地下空间的保温及节能作用是十分显著的。需要指出的是，从人类的居住习惯和便利性来说，人们倾向于地面空间；但当地下空间的气候环境同地面相近时，二者从居住效果上并无本质差别。

2. 地下公共建筑

地下公共建筑主要包括办公、商业、文化娱乐、医疗、停车场、仓库、体育设施等。地下公共建筑由于人流密集，对防火疏散及出入口有更高的要求。由于地下空间不占地面用地，加之其独特的内部环境，仓储建筑利用地下空间更有其独特的优势。

3. 地下交通设施

地下交通工程的开发已经成为现代大城市的必然趋势，它主要包括地下铁道、地下公路、隧道、地下步行街及综合公共交通设施。

4. 地下公用设施

自城市产生以来，就有相当部分的公共设施一直在地下发挥着应有的作用。其主要包括：地下水管线、电缆、煤气管线、通信管线等。随着城市的快速发展，水厂、电厂、垃圾处理输送系统等很多建筑设施都将设置在地下，以共同沟为代表的地下管网集约化必将是城市市政公用设施的发展趋势和方向。

5. 地下停车场

地下停车场是指建筑在地下用来停放各种大小机动车辆的建筑物，也称地下车库。目前由于城市汽车总量在不断增加，而地面上的停车空间严重不足，城市内“行车难、停车难”的现象已经非常普遍。因此，充分利用地下空间建设停车场具有非常现实的意义。

6. 地下综合体

地下综合体是由城市中不同功能的地下空间建筑共同组合而形成的大型地下空间工程。初期的地下综合体是由地下街发展而成。经过几十年地下空间的开发利用，地下街已与地下铁道车站、快速路车站、地下休闲广场、停车场、综合管线廊道、供水发电设施、防灾及水电设备控制设施等进行综合，这类将多种功能集于一体的大型地下建筑就是地下综合体。随着今后实践的发展，地下综合体可发展为地下城。

7. 地下防灾防护空间

地下空间由于其封闭性，对于自然和人为灾害具有很强的综合防护能力。各国为了有效地保护有生力量、避免灾难，都修建了以战争灾害为防护对象的地下工程。地下空间建筑能有效地防御空袭、火灾、爆炸、地震、核武器等造成的破坏。当地下建筑埋置于岩层中时，除出入口需要进行防护外，地下建筑可不受冲击波荷载的作用，这一点是地面建筑难以实现的。

第二节　地下工程的空间特性及优缺点

一、空间特性

地下空间的特点主要体现在地下环境的特殊性上。其空间特性主要分以下几个方面：

1. 构造特性

(1)空间的封闭性

在地下,很难接触到太阳光线、自然风等,自然灾害对其影响甚微,但会对人的心理产生不利的影响。相对地表来说,人员活动较少,可以较好地从事某一特定活动,并且在地下从事生产或其他活动所带来的噪声、固体垃圾以及部分烟雾等污染气体对地表影响较弱。

(2)隔离性

由于地下工程主要赋存在土层或岩层中,所以具有良好的隔离性。

2. 物理特性

(1)隔热性

不同于地表的是:虽地下无阳光的直接照射,但大地对温度的保持能力较强,使得地下空间具有较好的热稳定性。一年四季中,尤其在夏冬季节,地下空间与地表温度的差异性表现尤为明显。

(2)恒温恒湿性

由于土壤传热能力差,地面上的热波不能快速地传递到土壤深层,所以地下和地上温度不同,温度波动比地面以上小很多。距离地表越远,温度受大气温度影响越小,最热期的出现时间和地面相差越大,即越接近于恒温。在亚洲地区,地表以下每增深100m,温度升高2.5℃。由于地下工程的埋深大多不超过100m,所以在一定深度范围内,温度基本保持不变。

(3)遮光性、隔声性

土壤或岩层除了是热的不良导体外,对声音和光线的传播也有明显的阻碍作用,所以地下工程具有良好的遮光性和隔声性。

3. 力学特性

(1)耐压性

土和岩层均具备一定的抗压强度,具有抗压能力。完整、坚硬岩层的抗压强度可以达到数百兆帕以上,风化岩层的抗压强度相对较低,而土的抗压强度则更低,一般用千帕来度量。因此地下工程具有一定的耐压性,且耐压性与周围土(岩)层的力学性质密切相关。

(2)抗震性

地下结构在地震作用下,由于周围岩土介质的存在,会发生不同于地面结构的响应。地震以地震波的形式传播能量,当地震波从基岩传入场地时,土壤介质在地震波的作用下,会产生运动,同时将运动传递给地下结构。对于小断面地下结构,在动力荷载作用下,土与结构相互作用可以忽略,此时地下结构随自由场土介质一起运动,因而动应力较小,抗震性能较好。

表2-2所示为地下空间工程特性与利用目的的关系。

地下空间工程特性与利用目的的关系　　表 2-2

名　　称	隔离性	恒温性	抗震性	三维性	备　注
地下水力发电站	☆		☆	☆	☆——一般 ☆☆——高要求
地下原子能发电站	☆☆		☆☆		
超导能源设施		☆	☆☆	☆	
事务所等			☆	☆	
石油	☆		☆☆		
液化天然气	☆	☆	☆☆		
压缩空气	☆			☆	
热水	☆				
食物		☆	☆		
低放射性废弃物	☆☆		☆☆		
高发射线废弃物	☆☆		☆☆		

二、地下空间的优缺点

1. 主要优点

(1)地面视觉不受影响

部分或全部在地下的建筑物,与通常的建筑物比,外观较为隐蔽,限定视觉,不受外界影响,这在许多场合是个优点。

(2)保留了地表面的开放空间和土地的有效利用

地下空间的利用与土地的有效利用有着重要关系。如果能够在地下修建空间,地面得到开放,这样就保留了进行高密度开发的可能性(图 2-2)。如城市中心的地下停车场,地面部分为花园草坪;城市中心多修地下通道,而少修高架;把能够置于地下的建筑物设于地下,则地面土地可作其他用途。

图 2-2　某下沉式地下广场规划示意图(来源于网页)

(3)有效的往来和运输方式

平面上,修建在地下的交通通道(地铁、地下通道、城市管网)对地表的障碍更小。垂直距离上,附建于高层建筑之下的停车场,也缩短了交通时间。

(4)保护环境

覆土结构具有形成潜在美的环境效益,优秀的设计可以使周围的地面赏心悦目,与自然景观浑然一体。城市的地下建筑,可以改善自然环境,提高和提供改善景观的可能性,改善水、空气质量。

(5)节约能源、温湿恒定

地下建筑具有潜在的保护能源的效益。一般来说,与大地接触的地表面的面积比例越大,兴建的结构越深,能源保护的效益越大。其效益主要表现在冬季热损失少、夏季冷却能减少、气温的日变动量少等几个方面。

(6)防灾能力强

地下结构与通常结构比,能够更好地防护各种自然灾害的影响。如在强风地区,地下结构在防御功能上得到了极高的评价。地下结构对于地震灾害也非常安全。只要不把结构设置在有地质缺陷的地点并进行适当的设计,地下结构比地面结构会少受地震的危害。

(7)抗爆性能好

地下结构物本身除了具有保护人们免受自然灾害的特点外,还具有防护爆炸性能好的优点。爆炸形成空气冲击波向四周扩散,对接触到的障碍物产生静压和动压,造成破坏;此外还会伴有次生灾害。这些破坏效应,对于破坏半径范围内暴露在地面空间中的人和建筑物很难实行有效的防护,然而地下空间对此却有独特的防护能力。保护的程度视开口部的数量和大小、覆土厚度、空间以及与地表面间的结构等而不同。一般开挖空间越深,保护的效果越好。

(8)地下空间的特有防护性能

地下空间的特有防护性能是个相对笼统的概念,具体体现在防自然腐蚀及灾害、防震性、抗电磁干扰、辐射等方面。不同于地表的是,因其免受太阳光线、自然风以及其他自然灾害的直接影响,腐蚀的范围大幅度减小,特有的覆土环境,在电磁干扰及辐射方面,大大削弱了消极作用。城市地下市政管线工程充分利用了抗腐蚀及自然灾害的特点,延长设施的寿命,减少维修次数过多带来的经济投入;在储存粮食及燃油等物品时,要严格控制防潮、虫害及自然灾害所带来的突发损失,在地下修建储库工程充分利用这一特点所来的优势,提高物品储存的安全可靠性。

(9)噪声和振动的隔离

几乎所有的地下建筑,除极少部分露出地面外,绝大部分都在地下,较少或完全不受噪声或振动的影响。

(10)维修管理工作量小

地下结构主要采用耐久性好的混凝土材料、高质量的防水性和隔热性的材料,所以维修管理工作量小。

2. 主要缺点

在地下工程建设中需要解决的问题往往不是物理的或建设上的,而主要是心理学的问题。

(1)视野和自然采光受到限制

由于建筑物全部或一部分设在地下,外表面几乎所有面积都被覆盖,供给自然光和向屋外眺望在设计选择上受到限制。这种限制虽然可以利用中庭和天窗等接近地表的开口部得到一定的解决(图 2-3),但对于开挖较深的地下空间,几乎不可能。

图 2-3　利用中庭进行采光

利用自然光和眺望,是人们对活动空间心理和生理的需求,但采光和眺望并不是所有的活动都要求的,对于不具有方向性活动的大空间、人们滞留时间较短的商场和图书馆、剧院以及仓库等就没有这种要求。

(2)进出和通行的不便

人和车辆进入和通行于地下空间,不如在地面上多方向任意进行方便,是受到一定限制的,只能根据地下空间的形态和方式进出和通行如图 2-4 和图 2-5 所示。

图 2-4　以垂直通道为主的地下空间

(3)消耗能源较多

由于环境的封闭和视觉的限制,地下工程需要完善的照明和通风系统,相比地上工程会消耗更多的能源。

图2-5 垂直通道和水平通道相结合的地下空间

(4)施工难度大,工程造价高

地下工程的赋存环境往往比较复杂,有的处于软土地区、有的处于坚硬的岩层地区、有的处于地下水丰富的地区、有的处于严寒地区……因此施工难度通常比较大,施工环境比较恶劣,工期长,造价高。

第三节 地下空间的资源分析

从广义上讲,地下空间包含所有地表以下土体或岩体为主要介质的空间领域。地下空间具有为人类开掘和提供可用空间的巨大潜力。联合国自然委员会于1981年把地下空间确定为重要的自然资源,并对世界各国开发利用给予支持。国外很多城市制定了地下开发规划,地下空间被认为是与开发宇宙、海洋并列的最后可开拓的领域。

由于各个地区的地理环境、工程地质、水文地质、土地利用情况、经济发展状况各不相同,要对一个地区进行地下空间资源开发,应对该地区的地下空间资源有全面的认识。明确地下空间资源量,明确地下空间资源的分布和可利用率等情况,可以为地下空间规划提供重要依据。

一、地下资源开发分析

1. 地下空间资源含义

地下空间资源包含三方面的定义:

(1)天然存在的资源蕴藏总量。地球总表面积为5.15亿km^2,陆地岩石圈厚度33km,海洋岩石圈厚度为7km。从理论上讲,整个岩石圈都具备开发地下空间的条件。但实际开发会受到诸多条件限制，因此可能开发的范围才是值得关注的。

(2) 在一定技术条件下可供合理开发的资源总量。在地下空间资源的天然蕴藏区域内，排除不良条件分布范围和地质灾害危险区、生态及自然资源保护区、文物保护区和规划特殊用地等空间区域后，在一定的技术条件下，剩余的潜在可开发利用地下空间的范围和体积，也称为可用的地下空间资源。

(3) 在一定历史时期内可供有效利用的地下空间总量。可供合理开发的地下空间资源范围内，在一定的技术条件下，满足地质稳定性和生态系统保护要求，保持地下空间的合理距离、形态和密度，能够实际开发利用的地下资源。

2. 可能开发的范围

1) 开发的约束条件

温度：岩石圈的温度升高速率为 15 ~30℃/1000m，到地壳底部的温度在 1000℃左右。

压力：岩石圈内部的压力增加速率为 2.736MPa/100m，地壳底部的压力最大可能超过 900MPa。

2) 可供开发的容量

从目前的技术水平和造价来看，地下空间的合理开发深度以 2km 以内为宜，但还需考虑三种约束条件：

(1) 结构约束条件：两个相邻岩洞之间应保留相当于岩洞直径 1 ~1.5 倍厚的岩体。

(2) 活动约束条件：人类的活动主要集中在陆地表面积 20% 的范围内，开发只在这个范围内。

(3) 功能约束条件：地下建筑物由于使用功能的不同，建筑物之间还应有必要的距离。例如，地下医院附近不宜有地铁、地下商业街等喧闹设施，地下军事建筑附近一定范围内不应有地下民用设施。

综合考虑以上三个约束条件，一座城市可供合理开发的地下空间资源量是城市总用地面积乘上合理开发深度所得体积的 40%，即下式：

$$V = 40\% AH$$

式中：V——可供合理开发的地下空间资源量(m^3)；

A——城市总用地面积(m^2)；

H——合理开发深度(m)。

可以估算出，当开发深度为 100m、城市容积率为 80% 时，可扩大城市空间容量 26 ~40 倍；开发深度 2000m 时，以建筑层高平均 3m 计，一座面积 100km^2 的城市，可提供建筑面积 $2.7\times10^{10}m^2$，这相当于一个容积率为 50% 的城市地面空间所容纳建筑面积的 540 倍。

3. 我国地下空间开发资源

我国生活空间用地面积约占国土总面积的 15%，按照上面的测量方法，将地下空间容积折算成建筑面积(以平均层高 3m 计)，可以计算出，在 50m 深度范围内，可提供建筑面积 6 万亿m^2，以目前的技术水平这是完全可以做到的。

二、地下空间开发的效益

在经济实力、城市空间需求增长以及不断减少的土地资源、不断上涨的能源成本的现实状况下,开发地下空间对社会的发展有着诸多的效益,为了更好地对地下空间开发进行规划减少,有必要对各种地下建筑的效益进行评估。

1. 直接经济效益

地下建筑物在运营中能产生直接经济效益,但由于使用功能的不同,产生的经济效益也有所不同,分为有效益、无效益和负效益三种情况。

有效益:地下商业街、地下仓储。

无效益:一些无商业用途仅仅用于交通等目的的地下建筑,一般无法产生直接的经济效益,如地下人行通道。

负效益:地下铁道的修建和运营成本巨大,由于是公共交通项目,在很长一段时间内运营收入往往很难收回建设成本,甚至产生负效益。

2. 综合效益

1)社会效益

增加了城市基础设施空间,带给城市新的商业契机,改善城市居住条件,提高了城市交通活动效率。

2)环境效益

城市化的快速发展提高了经济水平的同时也带来了很多问题,交通拥堵、环境污染、生态恶化等是其集中表现,而通过开发地下空间可以很好地缓解这些问题。

(1)缓解城市交通矛盾

交通拥堵、行车速度缓慢已成为我国许多城市普遍的突出问题。道路的扩展远远赶不上车辆的增长,城市交通拥挤成为必然。在有限的道路里程情况下,只能寻求向地下空间发展,充分开发利用地下空间资源。

很多国家通过修建地下铁道和地下停车场来解决交通问题。地下停车场的突出优点是容量大、占地少,布局容易接近服务对象,特别是结合地铁车站修建地下车库,便于换乘地铁到达城市中心区,有助于减轻交通压力。

(2)改善生态环境

当前我国的环境形势相当严峻:大气污染日趋加剧,全国500多座城市中大气质量达到一级标准的不到1%;世界卫生组织全球大气监测网对150个城市的检测表明,北京、兰州、西安、上海、广州等名列世界十大污染严重的城市;城市噪声污染普遍超标,全国有1/3的城市居民生活在噪声超标的环境中。

通过发展地铁、轻轨等使用电能的公共交通网,减少了汽车尾气污染,减少了二氧化硫、二氧化碳和悬浮颗粒物等主要污染源。地铁开通后,空气中的一氧化碳、碳酸浓度会下降35%,硝酸含量会显著下降。而地铁等地下交通体系运行于地下,对于地面上居住环境的噪声污染几乎为零,很好地解决了地面交通工具产生的噪声污染。

3. 防灾效益

面对灾害的防灾减灾能力是城市可持续发展的重要内容。地下空间具有较强的抗灾特性。对于地面上难以抗御的外部灾害(如战争空袭、地震、风暴、地面火灾等)有较强的抗御能力,还能提供发生灾害时的避难空间、储备防灾物资的仓库、紧急饮用水仓库以及救灾安全通道。

三、地下建筑的造价

开发地下空间造价很高,需要强大的经济实力。

1. 地下与地上建筑的造价比较

类型和规模相同的建筑物土建造价比:地面为1,地下为3~4,甚至可以达到8以上。以城市轨道交通为例:地面轨道交通为1,高架铁道为3~5,地铁为5~10。

2. 影响地下建筑造价的因素

(1)地价对造价的影响

地价对地下建筑的造价有着举足轻重的影响。但我国目前计算地块开发容积率时,不包括地下空间部分,这就带来了效益空间。每开发一层地下建筑,即相当于无偿得到一块土地;当开发地下层数达到一定数量时,无偿土地的价值就将超过地下建筑的投资。

(2)地下建筑使用功能对造价的影响

某些特殊用途的地下建筑的造价相比地上建筑的造价可能更低,如用于仓储功能的地下储存建筑。美国一座利用石灰岩矿扩建而成的大型冷库,造价仅为地面同容量冷库造价的1/10左右。加拿大在岩盐中建造的液化天然气库,每立方米储量的造价仅为地面上的8%左右。地下粮库、冷冻库的造价也往往比同类规模的地上建筑节约30%~60%。

3. 地下建筑的特点对使用费用的影响

(1)耗能

由于恒温、恒湿、遮光、封闭等物理特点,地下建筑物在采暖与制冷方面具有很强的优势,比地面节省1/2~2/3的空调费用。

但是在通风与照明方面,地下建筑耗费费用比地面要多2~3倍。以居住为主要目的的地下建筑,若希望其内部环境质量标准不低于地面建筑,则运行所耗费的能源要比在地面上高3倍左右。

(2)维修

地下建筑具有耐压、抗震的构造特点,因此具有很高的安全性。只要防水措施合理,其维修费将远小于地面建筑。

随着我国经济实力和综合国力的不断提升,地下空间作为国家重要的社会资源,必将面临更广阔的开发和利用需求。地下工程技术和地下空间的综合利用也必将获得更大的发展。

思考题

1. 按照使用功能,地下工程可分为哪些类型?
2. 地下工程有什么特性?说明其特性和利用之间的关系。
3. 与地面工程相比,地下工程有哪些优缺点?
4. 地下空间开发的效益体现在哪些方面?

第三章　地下工程的建设类型

地下建筑工程按用途分类，有交通工程（如地下铁路、公路隧道、停车场等）、民用建筑（包括居住建筑、公共建筑）、地下市政管线工程（如地下自来水厂、固体或液体废物处理厂、管线廊道等）、各种储藏工程、军用建筑、民用防空工程以及各种兼具几种功能的大型地下建筑称为地下综合体。浅层地下工程主要用于商场、文化和部分业务空间，次浅层地下工程主要用于地下交通、地下污水处理及城市水、气、通信等公用设施之用（一般城市地铁都属于次浅层地下工程）；深层地下工程可以建设高速地下交通隧道、危险品仓库、冷库、油库等。地下建筑工程按施工方法可分为明挖和暗挖两类。明挖施工后完全回填，上面不建任何建筑物的，称为单建式地下建筑；上面再建其他建筑物的，称为附建式地下建筑。明挖施工后部分回填、覆土或堆土的，称为覆土建筑或堆土建筑。暗挖的地下建筑，通常是在较深的岩层或土层中挖掘成所需要的空间，顶部以上保留一定厚度的自然覆盖层。

第一节　地下交通工程

交通是现代城市赖以生存和发展的基本功能之一，是城市基础建设的重要内容。随着城市人口密度的增加，交通越来越受到限制，发展城市地下交通系统是必然趋势。城市交通（urban transport）是城市赖以生存和发展的基本功能之一，是城市基础设施的重要内容。

地下交通系统包括两大类：即地下动态交通系统和地下静态交通系统。地下动态交通系统，包括地下铁路、地下公路（含车行立交）、地下人行通道等。有些发达国家，如日本正在向地下悬浮列车、地下飞机航空等新领域进军。地下静态交通系统，一般指地下停车库，按其使用性质不同，可进一步划分为地下社会停车库和地下自备停车库。

本节就目前常见的城市地下交通设施，如地下铁路、地下公路和地下停车场等建筑工程的特点作以论述。

一、地下铁路

地下铁路，城市轨道交通系统之一，简称“地铁”。它作为城市公共交通的重要组成部分之一，狭义上专指在地下运行为主的城市铁路系统或捷运系统；但广义上，由于许多此类的系统为了配合修筑的环境，可能也会有地面化的路段存在，因此通常涵盖了都会地区各种地下与地面上的高密度交通运输系统。绝大多数的城市轨道交通系统都是用来运载市内通勤的乘客，而在很多场合下城市轨道交通系统都会被当成城市交通的骨干。通常，城市轨道交通系统是许多城市用以解决交通拥堵问题的方法。

1. 地下铁路在城市中的发展现状

世界上首条地下铁路系统是在 1863 年英国开通的“伦敦大都会铁路”（Metropolitan Railway)，是为了解决当时伦敦的交通拥堵问题而建，建于 1863 年(图 3-1)，其干线长度约6. 5km。当时电力尚未普及，所以即使是地下铁路也只能用蒸汽机车。由于机车释放出的废气对人体有害，所以当时的隧道每隔一段距离便要有和地面打通的通风槽。之后，城市地下铁路建设有了很大发展，从 1863 年至 1963 年的 100 年间，世界上共有 20 多个城市修建了地下铁路，而到 1982 年底已有 80 座城市有地铁运行，到 1990 年全世界已有近百个城市运营或正在修建地铁，其线路总长度达 3000km 以上。据统计，目前世界上已有 40 多个国家和地区的 127 座城市都建造了地铁，线路总长度超过了 7000km。东京地铁近 2000km，年运量在 100 亿人次以上。伦敦市内地铁共有 9 条线，总长 408km。巴黎轨道交通(图 3-2)承担了公共交通 70% 的运量，地铁有 15 条线，共 199km。纽约市区地铁线共有 27 条，长 443km。莫斯科拥有一个跨及全市的立体交叉地铁网，总长 243km，140 多个车站，由一条环线和 8 条放射线组成，日运量高达 800 多万人次，居世界之首。部分国家或地区、世界部分城市地铁长度如表 3-1 和表 3-2所示。

图 3-1　世界最早的地铁——伦敦大都会铁路

图 3-2　巴黎地铁

部分国家或地区地铁系统总长度列表(截至2013年)　　表3-1

排名	国家/地区	轨道交通系统总长度(km)	站台数目	轨道交通系统在该国/地区启用年度
1	中国大陆	2305	1496	1904
2	美国	1228.3	972	1870
3	韩国	660.3	822	1933
4	日本	642.4	803	1919
5	西班牙	533.1	642	1863
6	俄罗斯	446.8	281	1935
7	德国	446.4	484	1902
8	英国	386	477	1974
9	法国	345.9	477	1900
10	巴西	257.5	195	1974
11	中国香港	249.6	300	1888
12	墨西哥	233.4	233	1969
13	意大利	190.5	240	1955
14	加拿大	183.1	170	1954
15	印度	161.6	146	1984
16	中国台湾	152.8	138	1996
17	智利	147.5	132	1975
18	新加坡	113.2	97	1987
19	瑞典	110.0	100	1950
20	朝鲜	22.5	17	1973

世界部分城市地铁长度排名(截至2014年)　　表3-2

排名	国家/地区	地铁系统	长度(km)
1	中国	上海	567
2	中国	北京	527
3	英国	伦敦	402
4	澳大利亚	墨尔本	372
5	美国	纽约	369
6	日本	东京	326
7	韩国	首尔	314
8	俄罗斯	莫斯科	312.9
9	西班牙	马德里	284
10	中国	广州	260.5
11	法国	巴黎	215
12	中国	重庆	202

续上表

排名	国家/地区	地 铁 系 统	长 度 (km)
13	墨西哥	墨西哥城	201.388
14	中国	南京	180.2
15	中国	深圳	178.8
16	西班牙	巴伦西亚	175
17	德国	柏林	173
18	美国	华盛顿	171
19	美国	芝加哥	170.6
20	美国	旧金山	167
21	印度	德里	161
22	日本	大阪	153
23	中国	天津	136
24	韩国	釜山	131.7
25	新加坡	新加坡	129.7
26	中国台湾	台北	121.3
27	伊朗	德黑兰	120
28	俄罗斯	圣彼得堡	110.2
29	瑞典	斯德哥尔摩	108
30	西班牙	巴塞罗那	104.8

我国地铁建设开展得较晚。1965 年 7 月在北京开始修建第一条地铁(图 3-3),其线路沿长安街与北京城墙南缘自西向东贯穿北京市区,连接西山的卫戍部队驻地和北京站,采用明挖回埋法施工,全长 23.6km,设 17 座车站和一座车辆段(古城车辆段)。1969 年 10 月 1 日建成,使北京成为中国第一个拥有地铁的城市。天津市的第一条地铁(国内的第二条)于 1970 年开始建造,到 1984 年 12 月 28 日建成通车。上海地铁于 1990 年初开始建设,到 1993 年开通第一条线路,目前已经成长为世界上规模最大的地铁网络。香港地铁(图 3-4)是 1975 年开始修建,1980 年全部完工并投入运营,全长 43.2km,其中 8.8km 为地面架空线路,沿途 38 个车站,现有三条行车线路。香港地铁由自动列车、自动售票和电力系统等系统组成,是香港的主要交通工具之一,是世界上公认的设备完善、自动化程度较高、管理先进的典范,是世界上最繁忙、乘客人数最多的地铁之一。

我国现有 100 万以上人口的城市 33 座。到 2015 年,全国已经有 39 个城市建设或规划建设轨道交通,每天投资超过 7.8 亿元。轨道交通项目的快速推进,让原来只有一线城市才拥有的地铁正逐渐向二线城市乃至部分三线城市普及。预计到 2020 年,全国拥有轨道交通的城市将达到 50 个,并达到近 6000km 的规模,在轨道交通方面的投资将达 4 万亿元。城市轨道交通成为交通基础设施建设领域仅次于公路和铁路的第三大“吸金池”。

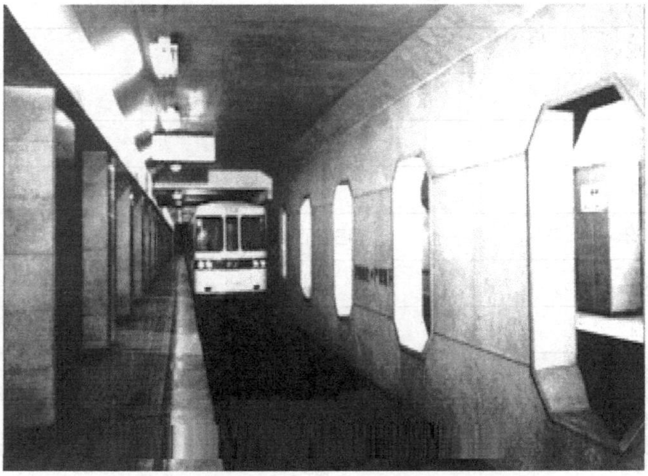

图 3-3　中国第一条地铁——北京地铁一期工程

图 3-4　香港地铁

2. 地下铁路的特点

与其他交通方式相比,地铁交通的主要特点有:一是地铁交通是大型城市基础设施,为社会生产和生活提供基础服务,具有显著的公益性;二是地铁交通基础设施的线路、车站、通信和车辆等,具有资产专用性,一经完成不能他用;三是地铁交通建设成本高、规模大、回收周期长,但地铁网络系统规模的扩大,可以降低成本;四是地铁交通项目的规划、设计、建设和运营等各阶段,需多专业、多行业、多企业间相互配合。

具体而言,地下铁路有很多优点,主要表现在如下方面:

(1)节省土地。由于一般大都市的市区地皮价值高昂,将铁路建于地底,可以节省地面空间,地面可以作其他用途。

(2)减少噪声和干扰。铁路建于地底,可以减少地面的噪声。由于地铁的行驶路线不与其他运输系统(如地面道路)重叠、交叉,因此行车受到的交通干扰较少,不存在人、车混流现象,没有复杂的交通组织问题,可节省大量通勤时间。

(3)节约能源。在全球暖化问题下,地铁是最佳大众交通运输工具。由于地铁行车速度稳定,大量节省通勤时间,民众乐于搭乘,也取代了开车所消耗的许多能源。

(4)减少污染。一般的汽车使用汽油或石油作为能源,而地铁使用电能,没有尾气的排放,不会污染环境。

另外,地铁与城市中其他交通工具相比,除了能避免城市地面拥挤和充分利用空间外,还有很多优点。一是运量大。地铁的运输能力要比地面公共汽车大 7～10 倍,是任何城市交通工具所不能比拟的。二是速度快。地铁列车在地下隧道内风驰电掣地行进,行驶的时速可超过 100km/h。

当然地下铁路有很多缺点,如建造成本高,由于要钻挖地底,地下建造成本比建于地面高;前期时间长,建设地铁的前期时间较长,由于需要规划和政府审批,甚至还需要试验,从开始酝酿到破土动工需要非常长的时间,短则几年,长则十几年也是有可能的。虽然地铁对于雪灾和冰雹的抵御能力较强,但是对地震、水灾、火灾和恐怖主义等抵御能力很弱。地铁的构造,导致极易因为这些因素发生悲剧。2003 年 2 月 28 日,韩国大邱广域市的地铁车站因为人为纵火而产生火灾,13 辆车厢被烧毁,192 人死亡,148 人受伤。这次火灾产生如此严重死伤的原因除了车厢内部装潢采用可燃材料之外,车站区域内排烟设施不完善也是重要因素,加上车辆材质燃烧时产生了大量的一氧化碳等有害物质,而导致不少人中毒死亡。为此,自地铁出现以来,工程师们就持续研究如何提高地铁的安全性。

在地底下挖隧道并不是一件容易的事,而且需要极大量的金钱和时间,至少也要几年或者十几年才能完成。地铁建设在地下施工,条件困难,工期长,工程建设费用较地面高。铁建设投资巨大,往往一个地铁车站就需耗资人民币十几亿,而利用相同资金建设高架道路,至少能修建 2km 长,因此,真正制约地下铁路建设的因素是经济性问题。

因此,对地下铁路建设必须做好可行性研究。那么,城市地下铁路建设需要考虑什么条件,专家认为:

(1)城市人口 100 万,应作为城市地铁地下工程勘察建设的宏观前提。

(2)城市交通干道是否存在单向客流量超过 2 万人次的情况(包括现状和近期预测),是判断是否修建地铁的"分水岭"。同时,即使存在这一情况,也只能是在采取增加车辆或拓宽道路等措施,也无法满足客流量的增长时,才有必要考虑建设地铁。

(3)城市地面、上部空间进行地铁建设的可能性。

3. 地下铁路路网的类型

地下铁路是城市建设的重要组成部分,地铁路网的规划应纳入城市发展的总体规划。根据国内外已建成的地铁线路,可将地铁路网分为单线单环式、放射式、蛛网式、棋盘式四种类型(详见第四章)。

4. 地下铁路运输系统的构成

地下铁路是地下工程的一个综合体,其运输系统的构成是:区间隧道、地铁车站和其他设施。它们的基本特点如下:

1)区间隧道

地铁区间隧道是地铁列车运行的空间,属于地铁交通系统中的动态交通部分。地下铁路的区间隧道是连接相邻车站的构筑物,它在地铁线路的长度与工程量方面均占有较大的比重。区间隧道内主要是列车运行及安全检查用的各类设施,如轨道、通信及信号电缆、排水沟、照明、通风设备等,情况比地铁车站相对简单。

地下铁路区间隧道为了确保列车的安全运行,凡接近地下铁道线路的各种建筑物及设备,必须与线路保持一定的距离,即有一个限界,称之为隧道限界,主要有车辆限界、集电器接近限界、设备接近限界和建筑接近限界。区间隧道衬砌结构内,应具有足够空间,以供车辆通行和铺设轨道、供电线路、通信和信号电缆及消防、排水与照明等装置。

2)地铁车站

地铁车站是供乘客上下车的地方,是客流最集中的场所,还是管理各种设施和控制行车的场所,是地铁系统最复杂的部分。车站建筑在投资上占有很大比重,一般车站的造价是相同长度隧道造价的 3 ~ 10 倍。

地铁车站的设计和装饰体现了地域文化、民族特色,成为城市的一张文化"名片"。如图 3-5 ~图 3-8 所示的地铁车站设计及装饰背景,充分体现了不同国家、不同地域的民族文化和风格。

图 3-5　北京地铁车站

(1)地铁车站的类型

按照运营性质的不同,车站类型分为:中间站、换乘站、区域站和终点站。中间站,供旅客中途上下车之用;换乘站,是位于线路交叉点的车站;区域站,是为了将运行最繁忙的线路段和运行较少的线路段划分开来,在区域站增加折返车辆的设备,以增加高峰时间的行车密度;终点站,设有线路折返设备,可使列车全部折返,并为列车停留做临时检修之用。

(2)地铁车站的建筑组成

地铁车站按建筑功能往往可分成四个部分:乘客使用部分,包括出入口地面站厅、楼梯或其他通道、地下中间站厅、售票处和检票口、站台等;运营管理部分,包括行车值班室、站长及工作人员办公室、广播室、继电器室、信号值班室、通信引入线室、工务工区等;技术用房部分,包括牵引变电站、降压变电站、通风用房、给排水用房、自动扶梯机房等;生活辅助部分,包括客运服务人员休息室、清洁工具储藏室等。

图 3-6 莫斯科地铁车站

图 3-7 日本地铁车站

图 3-8 伦敦地铁车站

(3)其他设施

为保证地铁的正常运营，地铁系统应具备各种设施，主要有电气设备、通风空调设备、排水设备、信号通信设施等。

电气设备。地铁用电分为牵引用电和动力照明用电两种，地铁的变电站可设有牵引变电站和降压变电站两种，或两者合一，称为混合变电站。

通风设备。地下铁路有两种通风方式：自然通风和机械通风。自然通风是利用温差或列车活塞作用进行；机械通风是在车站或隧道间设置压入或抽出风机形成的机械通风系统。

排水设备。进入隧道的水必须迅速排除，一般沿线路每隔 0.7 ~ 1.0km 设置一个排水泵房，在河流和湖泊区域宜增设排水设备。

信号通信设施。地下铁道装有计算机的中心控制室与信号安全设备联锁，指挥车辆行驶。目前常用的设备有：列车自动停车装置、列车自动控制装置和列车自动驾驶装置。通信联络包括地铁系统与城市的电话系统，以及地铁中心控制室或车站直接用报话机和车辆的通信联系。

二、地下公路

地下公路又称为地下交通（或公路隧道，城市内也称地下通道）。由于城市土地资源的严重短缺和交通的大幅扩容，交通拥堵已在特大型城市普遍存在，对此，特大型城市应加大力度建设城市中心区与边缘组团的快速道路系统，而“地下公路”正是既保证速度、又不占据城市空间的最好选择。

1. 地下公路的发展现状

世界上最古老的地下公路出现在古巴比伦城，建于公元前 2180—公元前 2160 年间。目前世界上最长的汽车专用隧道是瑞士中部的圣哥达（St. Gotthard）隧道，全长 16.3km。一直到 1992 年 5 月，全长近 50km 的欧洲英吉利海峡隧道交付使用，这一 20 世纪的杰出工程，预示了地下隧道工程从技术到施工组织，都越上了一个新台阶，在隧道运行时间仅需 28min，大大提高了英、法两岸间的交通容量和效率。

眼下许多大城市不断建设高架路，但高架路存在着一些弊病，如震动、噪声、污染等。而国外的大城市，除了修建地铁之外，还在发展“地下高速公路”。美国波士顿从 1995 年开始拆除 20 世纪 50 年代建造的城市高架路，转而发展“地下公路”。建设“地下公路”是为了可持续发展，进入生态城市。“地下公路”把汽车废气集中高空排放处理，可使波士顿的一氧化碳排放量降低 12%；另外，地面上的高架路拆掉后可以做林荫大道，增加绿化面积。其他著名的公路隧道有法国弗雷瑞斯隧道，长 12.70km；意大利勃朗峰隧道，长 11.60km；法国—意大利大萨瑟公路隧道，长 10.30km。

波士顿的地下公路工程被称为美国最复杂、花费最多的公路工程。这个“大隧道”（图 3-9）于 2007 年底竣工，把城市主干道埋在地下。但由于建设中遭遇隧道漏水、交通拥堵等问题，设计和修建历时 26 年，因此，工程造价从 26 亿飙升到 148 亿美元，这在美国国内招来巨大争议。尽管如此，工程竣工后，当地交通更加便捷，市容也大大改观。在日本东京城铁环线“山手线”地下约 40m 处，一条双向四车道的高速路已经建成。这是日本首条地下高速路，它从东京的板桥区熊野町到目黑区青叶台,全长 11km,经过池袋、新宿和涩谷三个重要商业中心,于 2007 年通车。这段被称为东京"中央环状新宿线"的地下高速路投资总额达 1 万亿日元(约合 90 多亿美元),中途设 6 个出入口。开通后,从池袋经新宿到涩谷所需的时间从之前的 50min 缩至 20min,既可有效缓解市区的交通拥挤,也可减轻环境污染。

图 3-9　波士顿地下公路

我国在 20 世纪 50 年代,仅有公路隧道 30 多座,总长约 2500m,且单洞长度都很短。到 20 世纪 70 年代,我国干线公路上曾修建了一些百米以上长度的隧道,但标准也很低。进入 20 世纪 80 年代,公路隧道的发展逐渐加快,具有代表性的工程有深圳梧桐山隧道和珠海板樟山隧道、福建鼓山隧道和马尾隧道、甘肃七道梁隧道等。到 1990 年底,我国建成的千米以上长度的隧道已有十余座。在大型公路隧道建设中,技术也随着不断提高,并学习和引进了很多国外先进技术。福建鼓山隧道,洞内设有照明、吸音、防潮、通信、防火等装置和闭路电视监控及雷达测速系统,是我国第一座现代化的公路隧道。为适应公路隧道建设的发展,20 世纪末期,交通部组织编写了公路隧道的设计、施工、通风照明设计、养护技术等规范,对我国公路隧道建设起到了促进与推动作用。经过几十年的建设,公路隧道的勘察、设计、施工和营运等一系列技术日益成熟,建成了多座特长或宽体扁担隧道,如大溪岭隧道(4116m ×2)、二郎山隧道(4200m ×2)(图 3-10)、福建美菰岭隧道(5300m ×2),湖南雪峰山隧道(约 7000m ×2)、四川泥巴山隧道(约 8000m ×2)、陕西秦峰终南山隧道(约 18400m ×2)(图 3-11),以及沈大高速公路八车道超扁平大断面隧道等。目前,公路隧道的单洞长度越来越长,修建技术与营运技术日趋成熟。

2. 地下公路的几种形式

地下公路的发展,主要有如下几种形式:

(1)地下越江(海)公路

当城市中有较大的江河贯穿时,越江隧道是除了桥梁外另一个越江交通的重要形式,是城市地下交通体系的重要组成,且交通运输能力大大超过越江大桥。我国的上海早在 20 世纪 70 年代就已经在黄浦江下修建了第一条地下越江公路。目前,在我国的上海、南京、武汉等长江流域的城市都兴建了越江隧道,且还有大量的越江隧道在规划建设中。以上海为例,目前在黄浦江上已经有数十条越江隧道建成及在规划中(图 3-12)。

图 3-10　二郎山公路隧道

图 3-11　陕西秦峰终南山公路隧道

图 3-12　上海长江路隧道的设计示意图

南京长江隧道(图 3-13)是城市过江隧道工程,是江苏省南京市城市总体规划确定的“五桥一隧”过江通道中的隧道工程,整个工程隧道总长 6156m,按六车道城市快速通道规模建设,设计车速 80km/h,工程总投资约 33 亿元人民币。在 2015 年之前南京扬子江隧道未建成时,南京长江隧道是中国长江流域已建和正在建设的超大型盾构隧道中所经地质条件最复杂、技术难题最多和施工风险最大的工程,被称为“万里长江第一隧”,隧道的直径为 14.93m,列全球盾构隧道第二。它的建设,将改变目前长江单一的桥梁过江交通方式,对于缓解南京市跨江交通压力、促进沿江大开发具有重大意义。

图 3-13　南京长江隧道

越海隧道在日本等国家很普遍,日本四岛已由地下交通系统连成一体。东京湾水隧道(图 3-14)全长为 15.1km,是世界上最长的海底公路隧道。船舶航行较多的有川崎侧海底盾构隧道、水深较浅的木更津侧海上桥梁,以及川崎侧岸边浮岛的引道部分。为了缩短盾构的掘进距离,于 9.9km 隧道段的海上部分中间处筑造了川崎人工岛。该公路隧道于 1997 年开放,工程总投资约 11500 亿日元,大大舒缓了东京圈逐年增长的交通压力。

图 3-14　日本东京湾横断公路隧道

(2)地下立交公路

当公路与铁路相交时,以及两条公路交叉又都需具快速度、大容量的交通特点时,都需要考虑地下立交公路来解决。地下立交公路一般距离短,具有如下优点:改善相邻环境,有利于公路景观的保护;利用街道与快速公路之间的地下空间,修建停车和其他公共设施,实现快速公路地下空间的多功能用途。

例如,我国南京修建的青奥轴线地下立交工程(图3-15)由梅子洲过江通道隧道、滨江大道隧道和青奥轴线地下空间三个部分组成。其中梅子洲过江通道隧道、滨江大道隧道和匝道立交叠落交错,组成了复杂的地下三层互通立交结构,总建筑面积5.5万m^2,下挖最大深度27.5m,相当于10层楼高。地下隧道、匝道立交和地下空间叠落交错,也是目前全国最大的城市地下交通枢纽综合工程。整个工程相当于把一座三层的立交桥搬到了地下,而在这座立交的上方,将是一片占地30万m^2的景观绿地,几乎覆盖整个青奥轴的上方地面。工程竣工后将实现"地下车流滚滚,地上绿草茵茵"。

图3-15　南京青奥轴线地下立交效果图

(3)半地下公路

该种公路有两种结构形式,即堑壕构造和U形挡墙构造。其主要特点是:有利于减少噪声和排放废气;能得到充足的日照和上部开敞的空间;在绿化带等自然气息较足的地区,能与周围环境较好地和谐共存;造价介于全地下公路与地面公路之间。缺点主要是排水、除雪不易。

3. 地下公路的线路与断面特点

地下公路与普通道路一样,根据公路规范设计。地下公路的平面线形,一般采用直线,避免曲线。综合排水、通风等各方面要求,地下公路隧道的纵坡通常应不小于0.3%,并不大于3%。地下公路隧道的隧道净空,是指隧道衬砌的内轮廓线所包围的空间,它包括公路的建筑限界、通风及其他需要的断面积。建筑限界是指隧道衬砌等任何建筑物不得侵入的一种限界。

地下公路的建筑限界包括车道、路肩、路缘带、人行道等的宽度，以及车道、人行道的净高。公路隧道的横断面净空，除了包括建筑限界之外，还包括通过管道、照明、防灾、监控、运行管理等附属设备所需要的空间，以及富余量和施工允许误差等。公路隧道净空断面的形状，即为衬砌的内轮廓形状，其形状的确定应使衬砌受力合理、围岩稳定。在浅埋和深埋公路隧道中，多采用矩形或近椭圆形断面。

三、地下停车场

地下停车场(underground parking)是城市地下空间利用的重要组成部分。当今社会随着城市化的进程加快，出现了城市用地紧缺的一系列问题。其中，仅地面停车场一项就占用了大面积的城市土地。为了节省城市用地，合理解决城市中日益增多的汽车停车问题，于是，建造了多层停车库。停车位空间立体化是解决城市停车问题的一种有效措施。目前，国外在经历了大量建造多层汽车库的发展阶段之后，又把兴建各种类型的地下停车场作为一种新的途径。特别是在一些发达国家的大城市，如法国的巴黎，半数以上的汽车都是停放在地下，地下停车场是那里停车的主要模式。对于地价昂贵的大城市，大力发展城市地下停车场(库)既能节省城市用地，又能改善城市环境。

1. 地下停车场发展概况

目前大规模地下空间的开发均有停车场的规划，主要原因是城市汽车总量在不断增加，而相应停车场不足，城市汽车“行车难，停车难”的现象已十分普遍，这种现象在20世纪50年代是不存在的，但到了20世纪80年代，城市道路拥挤的矛盾却十分突出，充分利用地下空间建设停车场对缓解城市道路拥挤具有十分重要的作用。

地下停车场出现在二次大战后，当时是为满足战争的防护及战备物资储存、运送而出现的，主要矛盾并非停车难。而大量建造地下停车场是在20世纪50年代后，欧美等资本主义国家开始建造规模较大的停车场，此时的主要矛盾是汽车数量的增多及停车设施不足，地面空间有限而宝贵。当时的地下停车场规模大多为100辆左右，最大的为1952年美国洛杉矶波星广场的地下停车场(2150个车位)和芝加哥格兰特公司的地下停车场(2359个车位)。其中洛杉矶波星广场地下车库为3层，有4组进出坡道和6组层间坡道，均为曲线双车线坡道，广场地面为绿地和游泳池。法国巴黎于1954年开始规划了深层地下交通网，其中有41座地下车库，总容量为5.4万辆。如依瓦利德广场的地下停车场，上下两层，规模为720个车位；格奥尔基大街下的地下停车场6层，规模为1200个车位。到1985年已有80座地下停车场在巴黎市建成，至今仍在陆续建造。日本由于土地紧张，难于建造规模大的停车场，因此，在20世纪60年代发展的地下停车场多为400辆以下规模。20世纪70年代后，日本几个大城市共有公共停车场214座，总容量44208辆，其中地下75座，容量21281辆，占总数48%，到1985年又建了75座。

我国的地下停车场建设大致起步于20世纪70年代，当时主要以“备战”为指导方针建了一些专用车库，并保证平时使用，如湖北省建造了可停放38辆5t载重车的车库，总建筑面积3861.9m^2。近年来，我国大城市停车问题日益突出，路面常被用来停车，这在20世纪50年代是无可争议的，原因是并不影响地面交通，而今天矛盾却日益突显。如某市调查资料显示，市中心的10000辆停车中,从停车位置上看,非停车场停车占79.4%,停车场停车只占20.6%;从停车目的上看,占用路面道路的比例也相当高。我国各大城市中有相当部分企事业单位已建造了自用或公用地下停车库。哈尔滨市第一百货公司、秋林公司都建有地下停车库。目前,上海、北京、大连等城市建的地下停车库也很多,有些地下车库已同地下街相结合,如上海人民广场地下街(4万 m^2)的地下停车场(图3-16)、哈尔滨博物馆广场地下停车场等,成为地下综合体的一部分。我国许多城市规划的地下停车库大多是附建式地下停车库,设在高层建筑地下层。

图3-16 上海人民广场地下停车场

停车设施的发展与汽车数量的增加有很大的关系,车辆越多,其停车空间需要越多。各国人均汽车拥有比例不同,发达国家每百人拥有汽车为40～80辆,而我国1995年统计每百人为6.5辆(上海黄浦区),然而汽车增长是不可避免的。我国汽车拥有量普及率低,说明汽车数量有很大上升空间。上海黄浦区2010年每百人拥有汽车达54.5辆,可见城市对停车场的需要量相当大。北京市1989年共有机动车34.5万辆,汽车24.4万辆,以中型车露天停放70%计算,用地面积为923万 m^2,如按近几年增长速度计算,到2030年,仅机动车停车面积就需要8000万 m^2,相当于市中心4个区面积的总和。这些足以说明城市停车空间与城市用地之间矛盾的尖锐程度。从上述分析可以看出,地面建造停车场已不是发展方向,向地下开发停车场才是主要发展方向。

2. 地下停车场的特点

(1)在地面空间相当狭窄的条件下,地下停车场可以提供大的停车位,节约城市地面以上空间,同时节约地表面积,可将广场地面恢复为城市绿地等,有利于改善城市环境,具有深远的经济意义。

(2)前景开发广阔,如在繁华的商业区、住宅小区、医院、电影院及旅游景点等都可设置地下停车场,能够有效解决目前在人流量较大地方机动车停车难的问题。

(3)地下停车场安全、可靠、不影响城市交通,具有连锁式社会意义。地下停车场位置的选择比较灵活,能在地面空间无法容纳的情况下,满足停车设施的合理服务半径要求。它只需留出通风口和斜坡道作为机械停车库的出入口,大量减少了用地,尤其在地价昂贵的地段,其经济意义更加明显。目前,以北京为例,同样面积的停车场,地上费用是地下的8倍,建造地下停车场可大大节省土地费。

(4)地下停车场的建设存在一定的局限性。地面车库与地下车库造价之比为1:2.6～1:2.8,投资回收期大约在16年。如果地面需付土地使用费,以北京为例,地上车库是地下车库造价的8倍。地下不交使用费或少交使用费,则地下车库开发价值就能体现出来。在科学技术快速发展的今天,这些局限性是可以逐步克服的。地下停车场规划应纳入整个城市规划当中,要结合城市的现状及发展,与不同等级的城市道路相配合,满足不同规模的停车需要,以便对城市中心区的交通起到调节和控制作用。

3.地下停车场的分类

地下停车场分类形式如表3-3所示。

地下停车场的分类　　　　表3-3

按建筑形式	按使用方式	按运输方式	按地质条件
单建式	公共停车场	坡道式	土层中
附建式	专用停车场	机械式	岩层中

(1)单建式与附建式地下停车场(库)

单建式地下停车场是指不受地面建筑的制约而独立在地下的停车场,一般建在广场、道路、绿地、空地之下。此种停车设施主要功能由车辆运行及停放的功能来确定,对地面上的城市空间和建筑物设施基本没有影响。

附建式是建在地面建筑地下部分的停车场。此种设计必须同时满足地面建筑及地下停车场两种使用功能要求,因而在柱网选择上有一定的困难,大多数方案在解决这一问题时,常把裙房中餐厅、商场等使用功能与地下停车场相结合。

(2)公共与专用停车场

地下停车场按使用性质可分为公共停车场和专用停车场。公共停车场是供车辆暂时停放的场所,具有公共使用性质的一种市政服务设施。专用停车场又分为特殊用途的和民用的,特殊用途的以停放消防车、急救车这类特殊车辆为主;民用专用停车场以停放私家车为主。

(3)土层与岩层中地下停车场

土层中地下停车场是指软土层中建造的地下停车场,而岩层中地下停车场是指周围以岩石为介质建造的地下停车场。我国青岛、大连、重庆等城市大多为岩石地区,土层很薄,所建停车场为岩层中地下停车场。岩层中停车场主要特点为条状通道式布局,洞室开挖走向灵活,开挖方法为矿山法,即传统钻爆或臂式掘进机开挖,由于岩层的特性及施工特点,同软土中的建筑平面有很大区别。土层中建造的地下停车场,可集中布局,采用大开挖或盾构施工方法,开挖较容易。

(4)坡道式与机械式地下停车场

坡道式是利用坡道出入车辆的地下停车场,主要特点是造价低,进出车方便、快速,不受机、电设备运行状况影响,运行成本低。目前所建的地下停车场大多为此种类型。其主要缺点是占地面积大,交通使用面积与整个车场建筑面积的比值为0.9:1,使用面积的有效利用率大大低于机械式停车场,并增大了通风量及增加了管理人员。

机械式停车场(图3-17)的汽车出入利用垂直自动运输的方式,取消了坡道,车库利用率高,进出车速度较慢,造价高,管理人员少。日本资料提示,若坡道式停车场各项指标为100,机械式停车库的占地面积则为27,车辆平均需要面积为50~70m^2。

图3-17 机械立体地下停车场

第二节 地下民用建筑

一、地下民用建筑的类型

地下空间开发的民用建筑主要有地下公共建筑和居住建筑。地下居住建筑是供人们起居生活的场所,如突尼斯的地下聚居点、中国的窑洞民居、美国的覆土住宅等。地下公共建筑主要指用于各种公共活动的单体地下空间建筑。

二、地下民用建筑的发展

地下民用建筑在很早以前就存在,一直发展至今,某些地区仍有数百万人口居住在传统式的地下居所中。中国北部的黄土高原,至今仍有3500万~4000万人居住在各种黄土窑洞中。突尼斯撒哈拉沙漠边缘上,分布着20多个地下聚居点,居住着9000多人。距土耳其首都安卡拉东南400km的耐夫塞尔城(Nevsehir)所在地区,名为开帕多西亚(Cappodocia),在那里散布着42个地下聚居点,已有4000年的历史,至今仍有人居住或作为其他用途。

中世纪欧洲凯马克勒地下城于1954年被发掘出来,是一座山体中挖掘出来的地下综合体,有9层空间,可供6万人居住并从事各种活动,为中世纪时欧洲基督徒逃到这里而建造的。1963年发现的德林库玉地下城距凯马克勒9km,至今已挖掘出了8层,史籍记载当时该地下城有18~20层,面积40万m^2,有纵横街道,2万多个洞室,可住10万人。

波兰的克拉科(Krakow)自19世纪以来就存在地下居住区,共有7层,埋深200m,延续长达120km,有剧场、教堂和舞厅等公共建筑。

美国旧金山市莫斯康尼中心(Moscone Center)是一大型地下会议和展览建筑,建于1981年,面积2.3万m^2,是跨度为90m的无柱展览大厅,地面建有3.2万m^2的公园。

美国的哈佛大学（Harvard University）、加州大学伯克利工学院（College of Engineering, University of California, Berkeley）、密执安大学（University of Michigan）、伊利诺大学（University of Illinois）都建有地下公共图书馆。瑞典的国家档案馆、斯德哥尔摩市的大型地下电话交换台及档案库、美国明尼苏达州可容纳400名犯人的改造营等都是地下民用建筑的典范。

上述事实说明，地下空间民用建筑具有悠久的历史，发展至今，地下空间居住与公共建筑又被当作对空间资源的开发利用，保护土地与生态环境的新建筑类型广为人们所接受。进入21世纪，伴随世界人口的急剧增长，城市集约化程度的提高，人均占有耕地的减少及环境生态的破坏，人们已越来越重视对地下空间的开发和利用，并重新审视地下空间资源对人类及环境所发挥的重要作用，“到地下去”是人类21世纪空间资源开发的又一口号。

三、地下民用建筑的特点及优越性

远古时期的地下民用建筑，建筑技术低下，人们还无能力建造地面建筑，出现了掘洞式的居住与公共建筑。在漫长的历史时期内，伴随着人类社会的发展及科学技术的进步，人类社会由地下穴居转移到地面，社会的发展及工农业大分工，出现了城市，资本主义的先进技术更加促进了城市的繁荣，城市的集约化与扩大反映出城市的弊端越来越严重，以至于使人类自身受到威胁。城市向地下发展以保护生态环境是可持续发展的必然趋势。

地下空间民用建筑具有下列特点及优越性。

1. 可协调自然环境

人类生活居住离不开阳光、自然环境及气流，因此，居住建筑常建造成半地下式、覆土式、下沉广场式、窑洞式等类型。此类型易同环境协调，具有保护环境的特点。

2. 保护土地资源

地下民用建筑节约耕地，不占用大量农田，可以有效地保护土地资源，缓解用地紧张的状况。以我国为例，据气象工程遥感资料分析，1986—1996年，全国31个特大城市城区实际占地规模扩大50.20%；据国家土地管理局的监测数据分析，近10年中城市建成区规模扩展都在60%以上，有的城市占地成倍增长。联合国联农组织报告指出，全世界每年丢失的耕地面积相当于爱尔兰国土。人类已经占用可耕土地2000万km^2，还剩下不到1500万km^2。全球有5亿人挨饿，原因是可耕地不足。我国情况更为严重，在1986—1996年的10年间，平均每年占用耕地2000km^2，相当于我国3个中等县的耕地。城市的高度集聚与扩大使耕地减少的状况不能再继续下去了，它对人类构成了致命的威胁，因此，开发地下空间对保护耕地是最好的方法。

3. 有较强的防灾减灾优越性

地下民用建筑对预防战争及地震灾害有较好的防灾减灾作用。在1117—1920年的800年间，我国共发生过7次强震，最大的一次震级为8.5级，发生在1920年的宁夏海源，死亡23万人；1929年内蒙毕克齐发生6级地震，出现山体滑坡；1976年与山西右玉县相邻的内蒙古和林格尔发生强震，主要是窑洞口部破坏较多。从地震发生后的实际破坏情况看，在地下的窑洞要比地面上的土坯墙木屋架的住房破坏程度要轻。例如，《浮山县志》载：“康熙三十四年地震，房屋尽倾，上下傍崖穴居仍旧”。

1976年，唐山遭受到300年一遇的大地震考验，在地面建筑生活的人中，伤亡了25万人之众，而在地下空间（矿井）环境工作的2.5万人则“无一伤亡”。唐山市300km范围内的铁路、公路、桥梁全部坍塌，而跨越唐山陡河水下及地下的人防通道却完好无损。唐山市地面建筑震后几乎全部损坏，而地下电站、食堂等建筑仍然可以照常使用。

对地面战争灾害，地下建筑具有很好的防护性能，这是地面建筑无法比拟的。20世纪90年代初的“海湾战争”，以美国为首的多国部队，在42天的空袭中出动了11万架次飞机，发射了280枚“战斧式”巡航导弹，总投弹量达30万t，而伊拉克这样一个仅相当于我国一个省的人口小国却能顶住多国部队毁灭性的打击，说明伊拉克的地下防护工程起到了相当重要的作用。如首都巴格达在空袭中除疏散一部分人员外，有200万人全部转入地下防护空间内。伊拉克在战争爆发前的12年中，耗费500多亿美元修建了大量坚固的地下防护工程，这些工程在战争中有效地保护了军事力量和装备，减少了人民生命财产的损失。

20世纪90年代末的“科索沃”战争，北约对南联盟进行历时78天的空袭，出动3200架次飞机，所投炸弹的当量相当于当年美国在日本广岛所投原子弹的9倍，南联盟地面设施遭到了严重破坏，而地下防护工程发挥了重要作用，有效地保护了人民生命财产及军事设施。

纵观20世纪百年战争史，二战时期的列宁格勒（圣彼得堡市）保卫战（地铁发挥了重要作用）、我国抗日战争时期的地道战、朝鲜战争的上甘岭坑道战都说明地下空间具有防护性能。

4. 冬暖夏凉、节约能源

地下民用建筑冬季保温性能好，夏季凉爽，既避风雨，又防寒暑，其“冬暖夏凉”的特点是具有很大优势的。例如，我国黄土高原，地面以下6m土体温度基本稳定，10m以下可以保持温度恒定，这样既解决了室内温度问题，又有效地降低了能源消耗。

5. 有助于保护古建筑及原有城市面貌

地下民用建筑的开发不破坏城市原有建筑，既解决了城市扩建所需的空间问题，又能保存历史遗留下来的古街道及建筑，使各时期历史得以完好保存，取得良好效果，保护了历史文化。

四、城市地下居住建筑工程

现有的地下居住方式有以下四种：

1. 窑洞住宅

窑洞是中国西北黄土高原上居民的古老居住形式，这一“穴居式”民居的历史可以追溯到4000多年前。窑洞广泛分布于黄土高原的山西、陕西、河南、河北、内蒙古、甘肃以及宁夏等省及自治区。在中国陕甘宁地区，黄土层非常厚，有的厚达几十公里，中国人民创造性地利用高原有利的地形，凿洞而居，创造了被称为绿色建筑的窑洞建筑（图3-18）。窑洞一般有靠崖式、下沉式、独立式等形式。其中靠山窑应用较多，它是建筑在山坡、土原边缘处，常依山向上呈现数级台阶式分布，下层窑顶为上层前庭，视野开阔。下沉式窑洞则是就地挖一个方形地坑，再在内壁挖窑洞，形成一个地下四合院。

2. 气候恶劣区的地下住宅

在气候恶劣区，往往因为干旱、高温或寒冷、风沙等原因，建造在地上的住宅在能源（制冷、热）和抗灾等方面非常不利。

图 3-18　中国窑洞建筑

3. 覆土住宅

覆土建筑(图 3-19)就是有土覆盖的建筑空间,是地下空间的一种。最原始的覆土建筑是穴居和墓居,由人工开挖而成。如今,随着科技的进步和人们思想的转变,覆土建筑的类型已由单一的穴居和墓居发展成规模各异、多种功能的建筑。与地面非覆土建筑相比,覆土建筑具有自身的显著优点,如节能节地,微气候稳定,防风、防震、防尘暴,经济和有利于生态平衡及地方文脉的保护等。一般有直线形覆土住宅、天井式覆土住宅、穿堂式覆土住宅三种形式。

图 3-19　美国纽约湖滨覆土住宅建筑

4. 城市市区的地下室住宅

地下室是建筑物中处于室外地面以下的房间,是各种建筑物的地下附建部分。在房屋底层以下建造地下室,可以提高建筑用地效率。一些高层建筑基础埋深很大,充分利用这一深度来建造地下室,其经济效果和使用效果俱佳。

五、地下公共建筑

地下公共建筑主要指用于各种公共活动的单体地下空间建筑，内容涉及办公、娱乐、商业、体育、文化、学校、托幼、广播、邮电、旅游、医疗、纪念等，小型地下街及集散广场也属于地下公共建筑。但地下综合体已带有城市的部分功能，其内涵较公共建筑要大得多，所以，这里把公共建筑定义为功能较单一、规模不大的地下建筑。

1.城市地下行政办公建筑工程

行政办公建筑的周使用率虽仅为25%左右，但工作人员在其中停留的时间较长，因此，一般属于不适宜建在地下环境中的公共建筑类型。但是，在20世纪70年代能源危机的影响下，美国建造了几座规模较大的地下公共建筑，在取得了一定的节能效果的同时，采取多种措施，使内部环境尽可能与地面上同类型建筑相接近，提供了一些有益的经验。下面选用两个较有特色的地下行政办公建筑工程加以评价。

(1)明尼苏达大学威廉森楼(Willianson Hall)

明尼苏达大学位于美国中北部，威廉森楼(图3-20)建成于1977年，是一个办公与商业结合的综合建筑，总建筑面积约8000m^2，地下两层，其中一半左右用于大学的行政办公和档案储存，工作人员220人，另一半是面对大学生的营业性书店，建筑物的周使用时间为60h。建设场地尺寸约为80m×120m。建筑为现浇钢筋混凝土结构，明挖施工，只有7%的屋顶面积覆土，其余直接作为路面。建筑总造价为347万美元，不包括太阳能设备的投资，单位面积造价为445.7美元/m^2。

图3-20　明尼苏达大学威廉森楼

威廉森楼是建造较早的地下公共建筑工程，相当成功地利用地下空间解决了在特定的社会背景和场地条件下所提出的设计任务，在利用地下环境节能，以及充分利用新能源等方面进行了有益的探索；在外观上保存了原有校园的风貌，又通过出入口、下沉庭院和太阳能集热器等的布置，增加了现代建筑的艺术表现力。在室内设计上，为解决长时间在地下环境中工作人员的生理和心理的不良反应问题，也做了较成功的尝试。由于室内大部分为高大开敞的空间，加上很多暴露的大截面结构构件，室内缺少了一些静谧和亲切感。

(2)美国加利福尼亚州州政府大楼(California State Office Building)

加利福尼亚州首府萨克拉门托(Sacramento)市中心区有一块1.5个街区的空地,20世纪70年代后期准备在这里修建一座州政府办公大楼,设计要求除满足办公功能外,节能是一个主要要求,因此,在全国举办了设计竞赛。中选方案采用了地上与地下建筑结合的方式,在节能和内外空间处理上也很有特色。

州政府大楼(图3-21)的建筑场地南北长180m,东西宽100m,在东、南、西三个方向为街道所包围;北侧有一条街道通过,将场地分割成两部分,北部占1/3,南侧占2/3。除南边有一幢16层的办公楼外,周围建筑层数以4~6层的较多。在北侧较小场地上,布置一座6层办公楼,建筑面积17500m^2;南侧各地下办公部分,面积7000m^2,屋顶覆土后,东半部恢复成一个街心公园,西半部暂时铺草皮,将来准备建若干幢低层住宅。在地下工程的中部,从南向北做一个长80m、宽15m的下沉广场,南端有一个150座位的地下小礼堂,顶部做成阶梯形的草坪。工程建成于1982年,造价1850万美元、每平方米建筑面积造价755美元,包括太阳能设施的投资。建筑的周使用时间为40h。

图3-21　加利福尼亚州州政府大楼

该工程是利用地下空间布置一部分办公面积,使地面上的办公楼仅为6层,从高度上并不突出,而是通过对称的布置,体现出政府办公建筑既庄严又使群众容易接近的双重性格。地面办公楼的南立面为45°倾斜,除采光部分外,其余墙面均架设太阳能集热器,表现了现代技术与建筑的结合。由于立面向南倾斜,从功能上,接收阳光的面积增大,从空间上,加强了地面建筑与地下建筑和地面广场的内在联系,使两部分成为一个统一的整体。下沉式广场的处理也很有特色,狭长的广场加强了对称轴线的作用,同时将地面上的广场和地下的办公部分分为两半,在下沉式广场中布置了花坛和水池,既是一条南北联系的露天通道,又是在地下部分工作的人员获得阳光和休息的场所。此外,地下部分实际上是一个半地下覆土和堆土建筑,有一半的高度是在街道的路面标高以上,形成一个平台,从空间上与周围街道分开,也可以提高该地下工程的底板标高,减少开挖工程量。

该工程在地下办公部分沿下沉广场和东西两侧4个下沉庭院均设置了带形窗,使天然采光面积与地面面积之比和地面建筑很接近,在办公空间内的任何一点都有接触天然光线的机会，对于在其中工作时间较长的工作人员，也不存在环境上的缺陷。

2. 城市地下文教和展览建筑工程

文教建筑包括托幼建筑、中小学建筑、高等学校建筑，以及图书馆、文化馆、青少年宫等。其中托幼建筑和中小学建筑一般不宜建在地下，因为儿童和青少年在其中停留和活动的时间较长，对身心不利。美国在1974—1982年在几个州分别建造了几座半地下覆土小学，教室尽量布置在对外开窗的一侧，但是后来没有更多的发展。我国有些中小学利用校园内封闭的人防工程作教室，效果不好。至于高等学校，由于学生不是固定在某一位置活动，因此，部分教室和实验室建在地下还是可取的。图书馆建在地下，有利于人工环境的控制和书籍的保存。展览馆一般都避免使用天然光线，人在其中活动时间也不长，建在地下是合适的。下面对美国几个典型建筑加以介绍。

(1)哈佛大学普塞图书馆(Pusey Library Harvard University)

哈佛大学图书馆(图3-22)于1976年建成，总建筑面积8000m^2，地下两层，局部三层，与场地形状相适应。建筑平面呈两个错开的长方形。地下一层主要为阅览室，二层为书库和通往三个原有图书馆的通道，三层也是书库。在平面的南半部，设置一个贯通两层的下沉式庭院，院内种一棵日本红枫树，在秋季树叶变色时十分美观，主要阅览室均围绕庭院布置。原有地形自南向北倾斜，工程覆土后恢复为平地，利用在西侧和北侧出现的地面高差，布置了主要的出入口，水平进出，沿建筑周边还做了不深的连续采光井。由于地下水位很高，为了确保防水质量，在外墙周围回填了1m厚的砾石，埋设了排水管，集中到泵坑中的地下水由连续运转的水泵抽走，使建筑物形成在人工形成的疏干漏斗中。此外，还向钢筋混凝土外墙中注入了氯丁橡胶液，以加强混凝土结构自防水性能。工程造价560万美元，单位造价700美元/m^2。哈佛大学地下图书馆设计在解决新旧建筑的统一、保存校园传统风貌和保留开敞空间与绿地等困难问题上是成功的，为其他学校解决类似问题提供了经验。

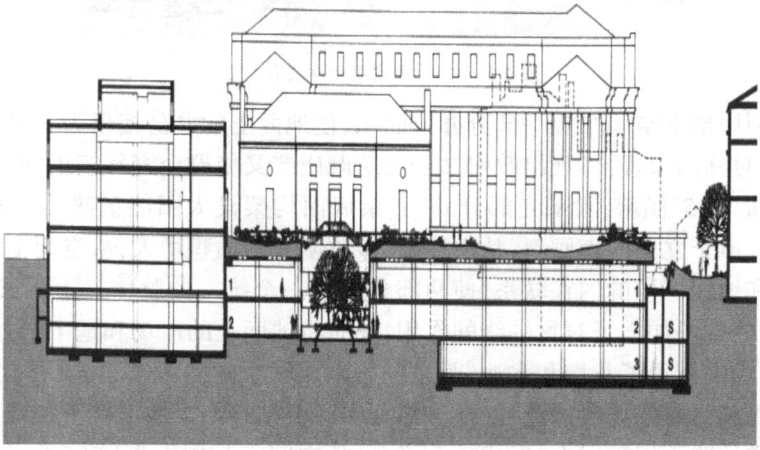

图3-22 哈佛大学普塞图书馆

(2)明尼苏达大学土木与矿物工程系系馆(Civil and Mineral Engineering Building, University of Minnesota)

明尼苏达大学土木与矿物工程系原有系馆建于 1912 年,已属于应报废的建筑。1977 年确定将理工学院北端一块空地作为建筑场地,场地狭窄,周围布满各时期的建筑物。在这样的条件下,如果在地面上建设一座现代化的教学大楼,不但在建筑风格上很不和谐,有限的一点开敞空间也将被占用。明尼苏达大学土木与矿物工程系在地下空间研究方面处于全美的领先地位,发起成立了“美国地下空间协会”(American Underground Space Association),在校内成立了“地下空间中心”(Underground Space Center)。因此该系利用新建系馆的机会和自己在开发地下空间方面的优势,决定采用全地下方案(95% 在地下)。通过这一工程,在规划、设计,特别是在节能方面,全面进行研究、试验,综合展示地下空间开发的最新技术,揭示地下空间利用的巨大潜力。

土木与矿物工程系地下系馆(图 3-23)场地条件良好,上部有 15m 厚土层,中间是一层 9m 厚的石灰岩层,下面是软质砂岩。整个建筑面积 $14100m^2$,其中 $10000m^2$ 建于土层中,掘开法施工,完工后回填并覆土;其余 $4100m^2$ 建在砂岩层中,顶部紧靠石灰岩层;上下两部分之间由两个竖井(内设楼梯和电梯)联系。岩洞底最深处距地表 34m。系馆的结构试验室因跨度较大,且需要从地面进出设备和构件,故顶部露出地面。地下系馆主要由教室、试验室和行政办公室三大部分组成。教室区平面呈半圆形,分隔成几个大小不等的扇形平面教室和展览室,环绕在一个圆形休息厅周围,圆厅内有天然采光;试验室大都在主体建筑北侧,不需要天然光线;办公室则多数在南侧,面向一个下沉式庭院,以获得充足的阳光。岩层中的工程采用光面爆破,喷锚结构,内做两层的全衬套,其中主要为各种试验室和计算机房等。工程总造价 1300 万美元,单位造价 920 美元/m^2。工程于 1982 年建成,系馆建成后,受到广泛的赞扬,并获得美国土木工程学会 1983 年“卓越工程成就奖”。

图 3-23　明尼苏达大学土木与矿物工程系地下系馆(美国)

(3)旧金山市莫斯康尼会议中心(Moscone Convention Center,San Francisco)

莫斯康尼会议中心(图 3-24),是一座大型地下会议和展览建筑,1981 年建成,这是采取地下建筑方案以保留城市开敞空间的一个典型。旧金山市的中心区,本已高层林立,只剩下中心区边缘地带的叶巴布因那(Yerba Buena)地区,面积约 $35hm^2$,高层建筑较少,在一个街区的范围内,还保留着中心区唯一的一块空地,面积约 $4.6hm^2$。20 世纪 60 年代末,市政当局准备在这一地区进行再开发，并在空地处建设一座大型会议和展览中心。如果这座大楼建设在地面上，则仅存的开敞空间将不复存在，故决定采用全地下方案。设计者很好地完成了这项任务，不但在地下创造了面积2.3万m^2、跨度为90m的无柱展览大厅，而且在屋顶覆土后，可以建成一座3.2万m^2的公园，既保留了开敞空间，还增加了城市绿地，充分体现了城市立体化再开发的优势，成为迄今为止世界上最大和最成功的大型地下公共建筑之一。虽然一次投资多用了2000万美元，但由于出色的设计提高了建筑的知名度，中心的使用效率很高，仅一年的经济收益就达5000万美元，可以很快收回建设投资。

图3-24　旧金山市地下会议中心的展览大厅(美国)

莫斯康尼会议中心总建筑面积45000m^2，包括展览大厅(23000m^2)、供50～600人使用的会议室共31个，最大的面积2800m^2，还有供6000人用餐的餐厅和机房、卫生间及辅助用房。展览大厅占整个平面的3/5，长255m，宽90m，结构为8对后张拉预应力钢筋混凝土落地拱，跨度83.3m，拱下皮最高点距地11.3m，形成一个无柱的大空间，当厅内没有展品时，最多可容纳24000人。会议室和一些辅助用房集中布置在另外2/5空间，分为两层，大会议室为一层，占有两层高度。在大会议室的上部有一个完全建在地面上的门厅，面积2800m^2，结构为四个钢管空间桁架，跨度27.4m，挑出9.1m，门厅四周全为玻璃幕墙，有三组宽敞的楼梯和自动扶梯直通地下展览厅。此外，地下水位在展览大厅地面以上3.5m，故在建筑四周布置了环形排水系统，以局部降低地下水位。工程总造价1.26亿美元，1981年建成。

3. 城市地下文娱和体育建筑工程

地下文娱建筑工程包括影剧院、会堂、俱乐部、文化宫等，体育建筑工程有综合体育馆和各种单项运动的场馆，如地下网球场、冰球场、游泳池等。这些类型的公共建筑工程没有对天然光线的要求，但要求人工控制气候，故很适合建在地下环境中。但是，从防灾和安全的角度看，由于空间的封闭和疏散的困难，特别对人员非常集中的影剧院、会堂等，存在着较多的不安全因素和防灾上的隐患。我国的大连、重庆、青岛、杭州、厦门等城市，及北欧的一些国家，如挪威、瑞典、芬兰等，结合民防建设在山体中建造一些文娱、体育设施还是比较成功的。

(1)上海文化广场

上海文化广场(图3-25),世界上最具规模的地下剧场。自2005年9月27日进行改造,为大型开放式公共绿地,中间建一座建筑面积6.5万m^2(其中5.7万m^2在地下)、观众席2011座的以演音乐剧为主的多功能地下剧场,建有配套的地下车库和部分商场。工程占地约4.7万m^2,绿化面积2.6万m^2,最深处达26m,是目前世界上最大、最深、座位最多的地下剧场。本项目总投资11亿元,与建设一般剧场不同,文化广场剧院不是简单的"拔地而起",而是掘地38m,浇好地基后从地下36m处往上建造。其中,配备2011个座位的剧院,取"2011年落成"之意。工程自2006年9月28日开始打桩动工以来,经过三年多的时间,完成包括地下连续墙施工、地下五道支撑体系的建立及拆除、结构施工和幕墙施工等。上海文化广场的改建,推进了上海市重大文化设施建设,改善了文化广场地区的环境,并成为市民提供良好的文化休闲空间。

图3-25　上海文化广场(来源新华网)

(2)杭州宝石会堂

宝石会堂(图3-26)是一综合性的会堂,它的功能包括能召开1300余人的专人会议,如果考虑在门厅和会议室加座,可容纳2000人开会;放映宽银幕电影;葡萄架可挂32道幕,台宽20m,深16m,设有乐池,适合戏剧演出和举行音乐会。1980年建成使用,社会、经济效益都较好。整个会堂布置在一条长86m、宽20m、高16m岩洞中,采用喷锚结构加衬套的做法,在衬套墙上每隔4m做一根壁柱,顶在岩壁上;衬套顶为先用预制拱架支撑在壁柱上,铺梁和板后再现浇混凝土,形成叠合的拱顶结构。会堂内部的建筑设计与地面上影剧院无异,在视线、音响、环境等方面均达到应有的标准。观众的出入口只有两个,分布在底层休息厅的两侧;观众厅内没有备用的安全出口,仅在舞台的一侧有一个安全口,因此,不论从安全口的数量、宽度,还是分布状况看,是存在缺陷的,如果在没有先进的消防设施,在人员高度集中的情况下,无法充分保证安全。

(3)美国乔治城大学雅特斯(Yates Field house,Georgetown University)体育馆

美国华盛顿特区的乔治城大学,历史悠久,校园内已没有增加新建筑的用地,但急需扩充体育设施,因此决定在一个原有的足球场下,建一座全地下的浅埋体育馆,建成于1979年,屋顶

不覆土,仍恢复为足球场。建筑面积共 13200m^2,其中运动大厅 8000m^2,内有 12 个多功能球场和 200m 室内跑道;在大厅以外,有一个 25m 室内游泳池,容纳 2000 人的更衣室和一个面积 1000m^2 的舞厅,8 个壁球室和一些辅助设施。为了在地下获得足够大的运动空间,采用了大跨度双曲壳体结构,每个壳尺寸为 20m × 42m。壳体最高点距地面 11m,最低点为 6m。壳体厚度仅 8 ~ 9cm,上铺混凝土,将屋顶垫平,中间可以走管、线。

图 3-26　杭州宝石会馆

该工程造价 720 万美元,单位造价 540 美元/m^2,还略低于地面常规体育馆的造价。由于热损失少,可节能 20%,运行费仅相当于地面体育馆的 1/3。雅特斯地下体育馆(图 3-27)的修建,解决了学校建筑用地不足的矛盾,同时使原来一个简单的足球场,成为一个综合的文娱体育活动中心,充分发挥了地下空间在扩大空间容量和节省土地等方面无法替代的作用。

图 3-27　乔治城大学雅特斯体育馆

六、地面建筑与地下建筑的区别

地下民用建筑设计原理同地面相应功能建筑设计原理是相近的,差别较大的是地面建筑有立面要求，其外观造型受到使用者及建筑师的重视，它往往成为业主的象征，由建筑组成的城市更是社会现代化的表现特征。

地面建筑立面设计风格代表着各个不同历史时期的发展，其艺术特征深深地感染着一个民族或使用者。一个成功的具有历史意义的建筑作品，其艺术风格的超凡脱俗使人们感到自豪，它代表着一个时代的政治及技术水平。某些著名建筑甚至成为一个国家的代言词或标志。金字塔即代表埃及，万里长城代表着中国，悉尼歌剧院代表着澳大利亚，埃菲尔铁塔代表着法国等。这些建筑都有着不同寻常的政治、经济、社会背景。某个时期的城市规划与单体建筑或群体建筑风格记载着该时期的历史。建筑师常说：建筑是凝固的音乐，建筑是艺术，建筑是用石头铸成的历史书。这些只是建筑的表面现象，而其实质是它丰富的空间使用性。

地下建筑由于建在岩土中，已没有其可观赏的外部造型，所以它没有立面造型的风格艺术，人们容易看到的只有它丰富的内部空间，也为地下建筑空间的丰富及难于建造而感到自豪。在过去的一段历史时期中，地下空间建筑常同战争防御及指挥联系在一起，如美国的地下空间中心（核控制）、苏联的斯大林地下行宫、伊拉克萨达姆的地下指挥中心等。今天的地下建筑已同城市功能联系起来，同环境保护及人类生存联系起来，伴随城市地下空间建筑的发展，作为新时代广义建筑学的发展，地下空间建筑也必将记录着一个时代的社会政治、经济、技术发展的水平。21 世纪是地下空间不断发展的世纪，它才刚刚开始，其前景是十分广阔的，地下空间建筑在人类社会发展中定会有不同凡响的历史作用。

广义来说，地上与地下建筑其设计的基本原理是相同的。其不同点是地下建筑立面风格没有表现力，地下民用建筑的空间组成及功能分析也同相应的同性质的地面建筑，由于地下建筑建造困难及造价较高，对平面及空间布局应更紧凑。例如，地面建筑设计中常常有这样一种倾向，为了追求其立面外观而使平面扩展得很复杂，以突出它的变化形体或增加一些与空间功能无关的装饰艺术手法等，使人们常常误认为建筑是形体的艺术，而地下建筑在形体艺术上的减弱却使人们看到了真正的建筑内涵——空间功能。空间功能是地下建筑十分重要的本质概念。

除造型外，下述几方面也是不同的。

1. 建筑外围介质不同

地面建筑外围介质为空气，受着室外风、雪、雨、霜等自然气候的影响，因而设计时要考虑相应的建筑构造。如严寒地区的保温墙体，热带地区的通风降温，气候类别影响着工程的围护结构材料及构造措施。而地下空间建筑全部埋入岩土时，周围介质为岩石或土壤，因此，构造上可不考虑风、雪、雨、霜等室外气候的影响，建筑围护结构构造也较地面简单。

2. 防减灾性能不同

地面建筑根据不同工程地质及地震烈度，有不同的抗震设计方法，由于地震的随机与复杂性，地面建筑抗震设计仍然不能达到满意的程度，遭受地震破坏引起的损失仍然是巨大的，对面临的战争灾害是无法应对的。而地下空间建筑对抗震减灾及面对战争灾害的防护能力是最好的。

3. 综合技术条件差别较大

地下空间建筑内部设备造价较高，如风、水、电等，这是由于地下建筑接受阳光、自然风等方面需要采用较为复杂的技术来完成。其施工、地质、防排水、管线结构形式都与地面建筑有较大差别。

4. 所包含的功能差别不同

人们常把地面建筑理解为与生活工作有关的场所，提到建筑即是楼房的概念，而不含铁路、桥梁等。而地下空间建筑的内涵及功能要大得多，它可以是交通的铁路、通汽车的公路、排水的管沟、油气的储存、城市的街道，同时又包含一切地面建筑所具备的功能。因此，地下空间建筑多而广泛，几乎城市中的一切都可在地下空间建筑中完成，大规模的地下空间建筑综合体也存在其立面艺术造型、成片的街景及空间竖向纵横交错的空间关系。

5. 对生态环境的影响不同

地面建筑与城市是人类社会发展史上必然出现的。当繁华大都市出现、优秀建筑作品产生、气势如虹的城市立交路桥建成、高层建筑林立的时候，人们赞叹自身的伟大技术与现代工业成就，欣赏着壮观的都市景色，它对人类来说是首次的，是从未见识过的，因为人类对自己在自然界中所创造的辉煌总是兴奋不已，有史以来人们就是这样度过的。社会发展到今天，人们也看到了人类自己正在创造着使自身生存受到威胁的一面。城市与建筑虽然满足了人们许多需要，而对自然界生态环境来说，地面建筑与城市是多余的，是对土地、空气、森林、江河等的破坏。大自然并不欣赏，也不喜欢现代化的都市（欣赏的过后，人们开始厌倦城市，回归自然的呼声再次提起）。人们在反思过程中提出生态建筑、环保建筑、绿色建筑等新的建筑类型。

城市对土地的破坏使大地得不到水分，因为高层建筑与沥青路面将水与大地隔绝，进而影响生态的平衡。而地下空间建筑既满足了人们生活和工作的需要，同时对环境生态又起了保护作用。因此，冷静下来之后可看到，城市不应在地面及空中继续发展，而应侧重向地下发展，保护土地、江河、森林及空气是人类保护自身生存的根本。

6. 生活与工作的室外环境不同

人们生活在自然环境中，离不开大自然，在地面生活和工作，可通过窗观看环境景色，而全埋地下建筑则效果较差。日本在深层地下建筑中研究了植物在人工光线下的生长，已获得成功，因此，地下空间人工环境再创造，是地下建筑发展的重要一步。

第三节　地下市政管线工程

城市市政管线工程，是城市基础设施的主要组成部分，是城市物流、能源流、信息流的输送载体，是维持城市正常生活和促进城市发展所必须的条件。管道运输具有安全、经济、保质、无污染等优点，以油气能源管道为例，发达国家的原油管输量占80%，天然气则达100%，而我国油气管道总长度在世界管道中所占比例仅为0.5%，而且基本上没有成品油管道，估计到2010年，我国石油产量可达$(1.8\sim2.0)\times10^{8}$t，天然气产量可达$(6.0\sim8.0)\times10^{10}$m^{3}，西部油气东输已是必然趋势，为此专家们呼吁，我国应大规模发展油气管道。城市市政管线工程由几个大型相对独立的系统组成，这些系统在城市整体循环系统中所处的地位，使之成为城市地下工程建设的传统内容之一。

一、城市市政管线工程的分类

城市市政管线工程一般应包括供水、能源供应、通信和废弃物的排除四大系统。城市市政管线工程按性能与用途、敷设方式、管线覆土深度和输送方式的不同，分为若干类型。

1. 按性能与用途分类

按性能与用途，城市市政管线工程分为铁路、道路、给水管道、排水沟管、电力线路、电信线路、热力管道、城市垃圾输送管道、可燃和助燃气体管道等（图 3-28 ~ 图 3-31），这些是常见的管线工程。此外，还有空气管道、液体燃料管道、灰渣管道、地下建筑线路及工业生产专用管道等不常见的管线工程。

图 3-28　地下排水管道建设工程

图 3-29　煤气、供热管线建设工程

图 3-30　供电管线建设工程

图 3-31　英国谢菲尔德市中心的巨型排水隧道

2. 按敷设形式

按管线的敷设形式分为架空架设线路,如电力、电信、道路照明等;地下埋设线路,如给水、排水、燃气、热力、电信等线路。各种工业管道则根据工艺需要和厂区具体情况进行敷设;电力和照明线路,也可能采用地下敷设。

3. 按管线覆土深度分类

一般以管线覆土深度超过1.5m 作为划分深埋和浅埋的分界线。在北方寒冷地区,由于冰冻线较深,给水、排水,以及含有水分的煤气管道,需深埋敷设;而热力管道、电力、电信线路不受冰冻的影响,可以采用浅埋敷设。在南方地区,由于冰冻线不存在或较浅,给水等管道也可以浅埋,而排水管道需要有一定的坡度要求,排水管道往往处于深埋状况。

4. 按输送方式分类

各种输送管道,按承压情况可分为:压力管道,如给水、燃气、热力、灰渣等管道;重力流管道,如排水管道。市政管线中的地下管线工程主要有:各种给水、污水排放、供热、煤气、原料供应、运输等管道工程,供电、通信等电缆工程,及用来敷设各种工程管网和专门管道的综合管道。

二、城市市政管线工程的布置

多数市政管线工程是随着城市的发展逐步形成的,因此,往往自成体系、分散布置,互相之间缺乏有机的配合,如排水能力与供水能力不适应;在一个系统内部,各个环节之间也可能不够协调,如在排水系统中处理能力往往小于排污能力等。

市政管线工程的布置,到目前为止,除少数管道布置在管沟中外,大部分管线均直接埋设在土层中。为了避开建筑物的基础,多沿城市道路敷设,不但维修困难,还占据了道路以下大量有效的地下空间,缺乏适应发展的灵活性。

电缆、电线的地下埋设率比其他管道低,埋设率最高的英国和德国也只有 62.6% 和 51.1%。从城市来看,只有伦敦、巴黎和波恩达到 100%,其他多不超过 70%,这是因为传统的电力输送采用架空方式和埋设电缆的造价较高所致,如在日本,电缆在地下管沟中布置,要比在地面上架设贵 3 ~6 倍。设计地下工程管网,要综合考虑到远景规划期的发展。工程管网的线路要取直,并尽可能平行建筑红线安排。城市工程管网基本上是沿着街道和道路布置,为此,在道路的横断面中必须考虑有敷设地下管网的地方。

一些常规做法是:建筑线与红线之间的地带,用于敷设电缆;人行道用于敷设热力管网或通行式综合管道;分车带用于敷设自来水、污水、煤气管及照明电缆;街道宽度超过 60m 时,自来水和污水管道都应设在街道内两侧;在小区范围内,地下工程管网多数应走专门的地方。此外,地下管网的布置,还应符合相应的建筑规范要求。

三、城市地下市政管线工程的综合化

1. 城市地下市政管线工程综合化布置的历史回顾

城市市政管线工程的综合,就是搜集城市规划地区范围内各项规划设计资料,进行分析研究,统一安排,协调各种管线工程在规划设计上的矛盾,以便在城市用地上以及在城市道路下,综合地、合理地安排各种管线的位置(图 3-32)。历史上市政管线工程往往自成体系及分散直埋的布置与铺设方式,存在种种弊端,长期得不到满意的解决。世界上少数大城市在地下建造的综合管线廊道,提供了解决这些难题的一些经验和途径。

城市地下市政管线工程综合化布置很早在欧洲一些大城市出现。巴黎在 1832 年决定建造大型地下排水系统,后来逐步延长,至今已有 1500km。该地下综合管线廊道为砖石结构,高 2.5 ~5m,宽 1.5 ~6m,在以排水为主的廊道中,还容纳了一些供水管和通信电缆。伦敦的早期廊道也有 100 多年的历史,长约 3.2km,其中不包括排水管,但有煤气管和高压电缆,煤气管在廊道中用墙与其他管线隔开。

西班牙马德里有 92km 长的地下综合管线廊道,除煤气管外,所有公用设施管线均进入廊道。市政当局在廊道使用 20 年后,认为在技术与经济上都比较满意,因此进一步制定规划,准备沿马德里主要街道下面扩建。莫斯科已建有 120km 长的综合管线廊道,截面高 3m、宽 2m,

除煤气管外，各种管、线均有。只是管线廊道比较狭窄，内部通风条件较差。在日本将之称为共同沟（common conduit），日本东京在20世纪20年代的地震重建中，曾在九段坂和八重州两处建造共同沟，共长1.8km。在以后的30年中，没有进一步的发展，主要是当时的投资和管理体制不完备，与共同沟有关的各公用设施企业之间的利害关系不均衡，当时的掘开式施工方法对街道交通影响较大。20世纪60年代以后，共同沟建设问题再次被提上日程。1963年颁布了有关法律，规定在新建城市高速道路和地下铁道时，都应同时建设共同沟。到1981年，全国的共同沟总长156.6km。统计资料表明，日本是当今世界上，综合管道技术发展最快、最完善的国家之一。我国在这方面尚属起步阶段，上海浦东新区城市综合管道可行性研究课题已经完成。

图3-32　地下综合管廊

我国由于城市基础设施落后，在短时期内不可能有明显的改变，但从长远看，若从根本上改变落后状况，应坚持逐步走公用设施大型化、综合化和地下化的路子，应当结合旧城区的改造和新城市的建设，适当修建地下综合廊道。

2. 城市地下综合管廊

（1）城市地下综合管廊的基本含义

城市市政管线综合布置，目前无统一的名称，有的国家称为综合管线廊道，日本称为共同沟，但现在比较常用的名称是城市地下综合管廊（multi-purpose tunnel），其基本含义是将电话、电气、煤气、上下水等两种以上的管线，共同收容在道路地下同一隧道内的综合管廊中（图3-33、图3-34），成为现代城市基础设施中各管线的物质载体。

（2）城市地下综合管廊的类型

从存在条件上看，城市地下综合管廊主要有两大类，一类是在岩层中开挖的隧道，另一类是在土层中建造的砖石或钢筋混凝土结构的廊道；从存在形态上看，一种是独立存在的廊道，一种是附建于其他地下工程中的廊道。

（3）城市地下综合管廊的优缺点

城市地下综合管廊有很多优点，主要表现在如下方面：

①确保交通运输的畅通，避免因埋设、维护管线而导致地面道路的反复开挖；

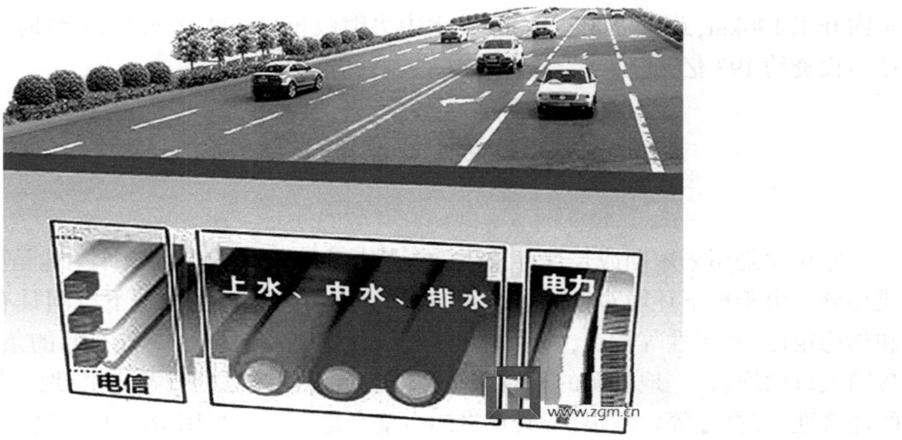

图 3-33　地下综合管廊效果图(一)

图 3-34　地下综合管廊效果图(二)

②能有效利用道路下部空间,满足管线远期发展和监控的需要;

③铺设在管道内的各种管线,由于不直接与土壤、地下水、管路结构层中的酸性物质接触,可以减少腐蚀、延长使用寿命(高 2 ~ 3 倍);

④管道结构物本身具有一定的坚固性,因此,对管线具有较好的保护作用,防灾害能力强(自然与人为);

⑤由于架空线进入地下廊道,改善了城市景观,有利于城市绿化,提高城市环境质量;

⑥从根本上解决道路反复开挖的根源,大大提高道路使用寿命,降低道路养护、管理费用。

2015 年 8 月 10 日,国务院发布《关于推进城市地下综合管廊建设的指导意见》,提出逐步提高城市道路配建地下综合管廊的比例,全面推动地下综合管廊建设,到 2020 年建成一批具有国际先进水平的地下综合管廊并投入运营。2015 年 7 月底,国务院常务会议对综合管廊建设作出部署,要求在年度建设中优先安排综合管廊,并制定地下管廊建设专项规划。我国现已全面启动地下综合管廊建设,确定的地下综合管廊试点城市包括包头、沈阳、哈尔滨、苏州、厦门、十堰、长沙、海口、六盘水、白银等城市，在10个试点城市3年内建设地下综合管廊389km，年内开工190km，总投资351亿元，其中中央财政投入102亿元，地方政府投入56亿元，拉动社会投资约193亿元。

第四节　地下储藏库工程

储藏库是用来短期或长期存放生活资料与生产资料的。储藏库用地是城市用地的重要组成部分。由于地下环境对于许多物质的储藏有突出的优越性，地下空间具有良好的防护性能和热稳定性、密闭性等特点，为在地下建造各种储藏库提供了十分有利的条件。近年来，随着各国人口的增长，土地资源的相对减少，环境、能源等问题的日益突出，地下储藏库由于其特有的经济性、安全性等发展很快，其数量约占整个地下空间利用量的40%以上。

一、地下储藏库工程的类型

储藏库按其储藏品的不同，有很多类别。按照用途与专业可分为国家储备库、运输转运储库及城市民用库等。这些储藏库有的相对集中地布置在居住区内，有的则布置在居住区以外专门的储藏库区中。按照民用储藏库储存物品的性质，又可分为一般性综合储藏库、食品储藏库、粮食和食油储藏库、危险品储藏库和其他类型的储藏库。

地下储藏库在20世纪60年代以前一般仅用于军用物资与装备、石油与石油制品的储藏，类型不多。但是在近30年中，新类型不断增加，使用范围迅速扩大，涉及人类生产与生活的许多重要方面。到目前为止，大体上概括为以下5大类：

地下水库，包括饮用水库和工业水库；

地下食物库，如地下粮库、地下食油库、地下冷冻库和地下冷藏库等；

地下能源库，如地下化学能库、地下电能库、地下机械能库和地下热（冷）能库；

地下物质库，如用以车辆、武器、装备、军需品、商品等；

地下废物库，如地下核废料库、地下工业废料库和城市废物库等。

二、地下燃料储藏库工程

液体燃料，是指石油制品（主要包括有航空汽油、车用汽油、柴油、煤油等燃料油）和液化天然气或石油气两类，均属于液化烃类，是由气体在低温或高压条件下凝结而成。这些燃料不仅是常规能源的主要组成部分，还是重要的战略物资。把液体燃料储藏在地下，具有容量大、损失少、安全和经济的特点，因此在各类地下储藏库中，液体燃料库始终占有较大的比重，并有着巨大的发展潜力。

地下燃料储藏库一般有如下几种类型：开凿洞室储藏库，如岩石中金属罐油库、衬砌密封防水油库、地下水封石洞油库、软土水封油库等；岩盐溶淋洞室油库；废旧矿坑油库；还有冻土库、海底油库、爆炸成型油库等。目前的地下燃料储藏库仍以开挖法形成的地下空间进行储藏者居多，可用钢、混凝土、合成树脂等作衬砌，利用地下水防止贮藏物漏泄的水封油库。下面介绍两种常见的地下燃料储藏库。

1. 地下水封岩洞油库

地下水封岩洞油库(图3-35)是利用油比水轻、油水不相混合的特性,在稳定、坚硬围岩的衬砌岩洞中,依靠地下水压力和岩石的承载力,直接封存油品,这就是地下水封岩洞油库的实质。

图3-35　地下水封油库(来源于网络)

(1)地下水封岩洞油库的储油原理

当岩石中处于地下水位以下的洞室开挖后,围岩的水流向洞室,在洞室周围形成降水漏斗。当洞室中注入油品后,降水曲线随着油面上升逐渐恢复。此时,在洞罐壁面上存在压力差。在任一高度上,水压力均大于油压力。因此,油不可能从围岩裂隙中漏失。反之,水可通过裂隙流入洞罐。但水进入后向罐底流动,可汇集后抽出。这种储油方法必须使洞罐埋置在距离稳定的地下水位5m以下的深度。

由水封油库的原理可以看出,建造岩洞水封油库,必须具备三个基本条件:

①岩石完整、坚硬、岩性均一,地质构造简单,节理裂隙不发育。

②处于稳定的地下水位以下适当的深度,而水量又不很大。

③所储油品的相对密度小于1,不溶入水,且不与岩石或水发生化学作用。

具备这些条件时,任何油品或其他液体燃料,都可以用这种方法在地下长期储藏。

(2)地下水封岩洞油库的现状与发展

在岩洞水封储藏技术产生以前,地下储油已经有了相当规模的发展,主要是从防护的需要出发,把地面上的金属储油罐移至岩洞中,典型的布置方式是沿山沟布置若干组洞罐,每一组都由通道和通道两侧交错布置的洞罐组成,俗称葡萄串式的布置。这种地下油库在防护、防灾、节地等方面存在许多优点,但也有较大的局限性,如运输距离可能较长、高差可能较大、造价较高等。

地下水封岩洞油库技术最早产生于瑞典,1948年瑞典利用一座废矿坑储藏燃料重油,创造了变动水位法水封油库的储油技术。到1950年,瑞典开始建造第一座人工挖掘的岩洞水封油库,此后,瑞典大力发展这种油库,并很快推广到北欧一些自然条件与瑞典相似的国家,并形成了比较成熟的储油工艺和建造技术,进一步在其他国家得到应用与推广。

我国于20世纪70年代掌握了原油地下水封岩洞储库技术,自行勘察、设计、施工了我国第一座地下水封岩洞储库——黄岛地下水封石洞油库(图 3-36),是当时世界上少数几个掌握地下水封储油技术的国家之一。黄岛 LPG 地下储库设计规模为 50 万 m^3,包括 35 万 m^3LPG 洞库和 15 万 m^3 丙烷洞库。LPG 洞库由长度分别为 321m、270m 和 280m 的三座平行洞室组成,丙烷洞库由两座平行洞室组成。在这之后,陆续开展了原油地下水封岩洞储库、成品油地下水封岩洞储库的设计建设。

图 3-36　黄岛地下水封洞库效果图(来源于网络)

近年来,岩洞水封储藏技术又有新的发展,为了在平原和沿海土层较厚的地区使用水封储油技术,我国和日本等国正在研究试验在土层中建造水封油库,甚至可以在地下水位以上建造人工注水的水封油库。可以预料,水封储藏液体燃料技术在我国将随着石油产量的增加,得到更广泛的应用与发展。

2. 地下岩盐洞式油库

地下岩盐洞式油库是在岩盐层中用水浸析的方法构筑洞室,储藏石油的一种储藏方法。由于石油在岩盐层中不渗透,长期储藏性质不变,而且开挖费用低,又无需维修,因此成为一种理想的储油方法,在北美和欧洲一些国家得到应用。

目前世界各国在岩盐层中用浸析方法建造的地下储藏油库,其尺寸宽可达数十米,高数百米,容量可达$(5.0\sim6.0)\times10^5 m^3$,甚至有的达到 $10.0\times10^5 m^3$ 以上。有的在一个储藏油库内设有 15 个洞室,每个洞室直径 3 ~ 50m。岩盐层最小厚度 10m,分布深度自地下 400 ~ 800m 深。

此外,在地下开凿洞罐,加以混凝土衬砌的油库应用也较为广泛。如美国珍珠港军事基地的燃料油和润滑油库,由 20 个圆柱形罐体组成,每个罐体直径 33m、高达 80m,其油库容量达 $9.0\times10^5 m^3$。

还有的国家建有废旧矿坑油库。在已采完报废的矿井内构筑地下储藏油库,首先应考虑的是废旧矿山井巷的地质条件和围岩状况。围岩应当具备高强度、稳定和不渗透的特性,并在储藏中不影响油品的质量。密实的砂岩、石灰岩、页岩等满足这种要求。法国梅塞沃尔卢曾在盆地构造上开采铁矿,该铁矿于 1868 年投产,经过 100 年生产,于 1968 年关闭,经修整,1972

年开始储藏燃料油，容量 $5.00 \times 10^6 m^3$。

三、地下冷库工程

1. 地下冷库的原理

冷库是用于在低温条件下储存食品(图 3-37)，在规定的储藏时间内，使食品不变质，并保持一定的新鲜程度。地下冷库是一种低温储藏的地下空间利用方式。其基本原理是利用一般制冷装置冷却洞内的空气，然后将四质岩石中的热量传递给空气，紧靠洞室的岩石首先被冷却，以后逐渐深入扩展到岩石内部。流向洞室的热流并非一固定值，当岩体冷却区扩展时，将随时间的延长而减少，经过一定时间后，在洞室周围岩体中，形成了一定范围的低温区，积蓄了巨大的冷量，并维持洞室内具有稳定的低温。因此，建造地下冷库可以少用或不用隔热材料，温度调节系统也较地面冷库简单，经常运营费用比地面冷库低得多。根据资料统计分析，地下冷库的运营费用比地面冷库的运营费用要低 25% ~50%。

图 3-37　地下食品菌冷库(来源于网络)

2. 地下冷库的特点

地下冷库具有如下优点：密闭性能好，温度稳定，节约材料，降低投资，少耗能源，节省维修和运营费用，防护力强，利于备战，还可以节约土地，保护环境。我国自 20 世纪 70 年代初，开始兴建第一座地下冷库以来，全国已近 20 个省、市和自治区修建了不同规模的地下冷库。但是，地下冷库也有一定的局限性，主要表现在：地下冷库的选址常常受到地理和地形条件的限制；地下冷库需要较长的预冷期，在这期间的能耗较大；如果建筑布置不合理，围护结构散冷面积过大，运行能耗并不一定比地面冷库小。

3. 地下冷库的发展

地下冷库作为一种低温储藏库，由于围岩固有的隔热保冷性能，与地面冷库相比，避免了太阳直接辐射与剧烈的热波动作用，若在库壁设置适当的热湿绝缘层，可以节省绝缘材料、少耗电量，并由于地下冷库埋置于地下一定深度，因而还具有节约地皮、保护环境、防护力强、利于战备等重要意义。但是，地下冷库的工程造价一般较地面冷库高。

瑞典和其他斯堪的那维亚国家是世界上最先发展地下储藏库的国家，利用有利的地质条件，大量建造大容量的地下石油库、天然气库、食品库、车库等，近年又在发展地下储热库和地下深层核废料库。斯堪的那维亚国家已拥有大型地下油、气库200余座，其中不少单库容量超过$1.0\times10^6m^3$。瑞典在20世纪60～70年代，以每年$(1.5\sim2.0)\times10^6m^3$的速度建设地下油、气库。在地下空间开发利用的储能、节能方面，美国、英国、法国、日本成效也比较显著。日本清水公司自1969年起，连续建造了6座用连续墙施工的液化天然气库，其中有一直径64m、高40.5m，储藏量可供东京使用半个月的储藏库。美国有2000多口井处理酸碱废料，而且还将钠加工废料捣成浆状，注入深部地层以防污染。

我国从20世纪60年代末期开始，在地下储藏库的建设中已取得很大成绩，已建成相当数量的地下粮库、冷库（图3-38）、物质库、燃油库。我国人多地少，耕地有限，不少大中城市的人均耕地占有量已经接近乃至超过了联合国提出的“警戒线”，切实保护耕地，合理有效利用土地资源，已经成为刻不容缓的大事。同时，随着我国人民生活水平的提高，人们对所需食品的质量和数量的要求也愈来愈高，因此，与此相适应的地下冷库建设有良好的前景，正如我国建设部曾提出的：“在有条件的地方，要尽可能修建地下冷库”。现在，我国不仅具备了较好的经济条件，而且经过多年来的工程实践和科研工作，取得了宝贵经验和科技成果；我国地域辽阔，山峦起伏，许多地方有良好的地质条件。因此，从长远观点看，在有条件的地方，特别是某些大中城市，伴随城市向地下发展的有利时机，根据地下冷库的特点与技术要求，合理规划、因地制宜地利用当地的地下空间资源，开发地下储藏库，将具有深远的意义。

图3-38　北京大兴区地下冷库（来源于网络）

四、其他用途的地下储藏库工程

1. 地下粮食库

粮食的储藏（图3-39）是为了通过各种手段，确保储粮的食用品质和遗传品质，这取决于温度、湿度、氧气的控制等，尤其温度和水分的影响。据介绍，粮食储藏的最合适的条件是温度为15℃左右，相对湿度在50%～60%之间，而地下储粮可以用较少的投资满足上述条件。

大量实践证明，地下储粮有以下优点：①储粮品质好，稳定性强；②虫霉繁殖少，损耗降低；③管理方便，不必翻仓。不足之处在于，目前地下粮库的一次性投资较高和缺乏对其内部环境参数的监测手段。

图3-39　地下战备粮库

2. 地下水库

地下蓄水就是把水蓄在土壤或岩石的孔隙、裂隙或溶洞里,用水时,再把水顺利地取出来,如图3-40所示是巴黎百年地下水库。地下储水的方式有如下几种:①把水灌注在未固结的岩土层和多孔隙的冲积物中,包括河床堆积、冲积扇及其他适合的蓄水层等;②把水灌注于已固结了的岩层中,如能透水的石灰岩或砂岩蓄水层等;③把水灌注于结晶质的岩体中;④把水储藏于人工岩石洞穴或蓄水池里。

图3-40　巴黎百年地下水库

由于地下水库工程简单,其投资相对地面水库要小得多,且不占农田,水的蒸发量小,因此,地下水库的研究已引起国内的重视。

3. 地下核废料库

随着原子能技术的研究与应用,原子能电站的数量正在不断增加,所占的发电量的比重也越来越大,但如何处理和储藏高放射性的核废料是急待解决的问题。由于地下空间封闭性好,并有良好的防护性,自然便会引起人们的关注。

地下核废料储藏库大致分为两类:①储藏高放射性废物,一般构筑在地下1000m以下的均质地层中;②储藏低放射性废物,大都构筑在地下300～600m的地层中。

由于这种储藏库的要求高,必须在库的周围进行特殊的构造处理,以防对外部环境和地下水的污染。在库址选择上，要通过仔细勘察和选择最佳地层后，才能最后确定，保证数千年将该废料严密地封存在地下，不至于影响生态环境。

第五节　地下街与地下综合体

一、地下街

地下商业街是指修建在大城市繁华的商业街或客流集散量较大的车站广场下的综合性地下建筑。合理利用城市地下空间，发展地下商业是都市商业成熟的标志。尤其是在土地资源日趋紧缺的中国的大城市，科学、有序、理性、有效地发展地下商业，是一个国际化的趋势。

从空间发展战略来看，发展地下商业是增加城市商业成熟度的一个重要因素，是形成“立体商业”的重要一环，是实现商业地产整合城市景观和空间资源的需求，也是在城市发展过程中所产生的一系列固有矛盾状况下解决城市可持续发展的一条有效途径。同时，地下街也承担了城市所赋予的多种功能，是城市的重要组成部分。伴随着地下街建设规模的不断扩大，将地下街同各种地下设施综合考虑，如地铁、市政管线廊道、高速路、停车场、娱乐及休闲广场等与地下街相结合，形成具有城市功能的地下大型综合体，它是地下城的雏形。由地下交通设施连接而成的若干地下综合体，即是地下城市的初级阶段。

1. 地下街的含义

城市地下街(地下综合体)是建设在城市地表以下的，能为人们提供交通、公共活动、生活和工作的场所，并相应具备配套一体化综合设施的地下空间建筑。地下街的出现是因为与地面商业街相似而得名。它的发展是由最初的地下室改为地下商店或由某种原因单独建造地下商店而出现的。由于地下室或地下商店规模很小，功能单一(主要为购物)，没有交通功能，就不能形成“街”所有的综合功能，因而也就不能称其为地下街。我国有些专著对其这样定义：“修建在大城市繁华的商业街下或客流集散量较大的车站广场下，由许多商店、人行通道和广场等组成的综合性地下建筑，称地下街”，也有称“地下综合体”等。上述定义中，表述了地下街应包含这样一些内容：首先，必须有步行道或车行道；其次，要有多种供人们使用的设施；其三，要具有四通八达或改变交通流向的功能。不同之处是有的定义包含了建筑物的地下室部分。

开发地下街的主要目的是把地面街设在地下，解决繁华地带的交通拥挤和建筑空间不足的问题。地下街有充足的光源，光线柔和，有充足新鲜的空气，适宜的湿度和温度，比地面上更舒适，没有地上街的车辆、噪声和灰尘。城市地下街具体可划分为地下商业街、地下娱乐文化街、地下步行街、地下展览街及地下工厂街等。目前建设较多的为地下商业街和文化娱乐街，其他各种类型地下街不久也会出现。从历史演变过程看，随着功能变化，其含义也在改变，随着城市地下空间建设规模的发展，把各种类型地下街与其他各种地下设施进行组合并连接起来，将发展为“地下城”，即演变为城市地下综合体。

2. 地下街的发展

一般地下商业街在地下很大范围内建成宽阔的街道，街道两旁商店林立，和地面上的街道完全一样。地下街最先起步在日本,1930 年,日本东京上野火车站地下步行通道两侧开设商业柜台,形成了"地下街之端"。而其真正成熟阶段在 20 世纪 50 年代前后。1952 年,日本东京中心银座地区建设了三原桥地下街;日本第一条,也是世界上第一条地下商业街是 1957 年建成的大阪唯波地下街。以后的几十年中,日本地下街数量逐年上升,仅东京就有 14 处(图 3-41),总面积达 22.3 万 m^2,名古屋有 20 余处,总面积达 16.9 万 m^2,日本各地面积大于 1 万 m^2 的地下街总计 26 处。我国地下街近年也有较大的发展,目前全国大中城市大多开发了商业性质的地下街,并兼作步行街。哈尔滨秋林地下街现已开发有 9 万 m^2,上海市人民广场地下街有 5 万 m^2,桂林、大连、沈阳、石家庄、武汉、成都、西安等地都建有相当规模的地下街。

图 3-41　日本大阪梅田车站之间的地下街

可以预计,随着城市规模的扩大,地下街将成为城市可持续发展的一种重要模式。今后地下街的类型或功能还会增加,由"街"相连成"城"也会在不久的将来出现。目前,日本东京地下街已经具备了"地下城"的雏形。

3. 城市地下街类型与特点

城市地下街规划平面类型,按地面街道形式分类有道路交叉口型、中心广场型、复合型三种;按规模分类有小型(小于 3000m^2)、中型(3000 ~ 10000m^2)、大型(大于 10000m^2)三种;按使用功能分类有地下商业街、地下文化娱乐街、地下工厂街、地下多功能街等几种,可由地下街的使用特性去命名。目前,由于地下街的发展尚在初期阶段,各国的地下街建设主要考虑解决地面交通拥挤状况及人们对空间需求等,使地下街大多具有商业、文化娱乐、停车等功能。地面街道类型及城市状况对地下街规划确实起着十分重要的影响因素。

(1)"道路交叉口型"地下街

"道路交叉口型"地下街多数处在城市中心区较宽阔的主干道下,平面大多为"一"字形或"十"字形。目前建设的地下步行街多为商业功能,其特点是地面交叉口处的地下空间也相应设交叉口,并沿街道走向布置,同地面有关建筑设施相连,出入口的设置应与地面主要建筑及同小交叉口街道相结合,以保证人流的上下。

(2)"中心广场型"地下街

此种类型地下街通常是城市交通枢纽,如火车站及中心广场地下,并同车站首层或地下层相连接,若为广场,除与各道路出口相连之外,还可以设下沉式露天广场,供人们休息用。由于此种地下街的地面较开阔，常形成大空间，既便于交通，又能购物或娱乐，同时还有休息空间。广场型地下街平面规划类型常为矩形，地面客流量大、停车量大，常起分流作用，也常同地下车库相连接。如我国上海人民广场地下街（图 3-42）就有 1 万 m^2 的地下商业街和 4 万 m^2 的地下停车库，并同地铁相通。

图 3-42　上海人民广场地下街

在铁路、码头、客运站等交通流量较大的广场，地下街常含多种功能，可规划为停车、住宿、步行道、餐厅、商场等。某些地下街带有娱乐、休息功能。在城市中心广场内设下沉式广场规划，广场内可用于休息、分配人流等功能，从造型上丰富城市广场的空间层次。所谓下沉式广场，即在地下设施交汇处设一个公共广场空间，此广场空间为下沉开敞式，阳光可进入广场内，通过室外楼梯与地面相连接。

（3）"复合型"地下街

"复合型"地下街是指"中心广场型"与"道路交叉口型"地下街的复合。这种地下街常常是分期建造，工程规模较大，需要很长时间才能完成。几个地下街连接成一体的"复合型"地下街带有"地下城"意义，这样的地下街能在交通上划分人流、车流，同地面建筑连成一片，与"中心广场（含车站广场）"相统一，与地面车站、地下铁路车站、高架桥立体交叉口相通；在使用功能上又有商业、文化娱乐、体育健身、食品、宾馆等多种功能。这样的多层地下街由于与地面打通，很难分清哪一个标高为地面表层位置。如著名的日本东京八重洲地下街（图 3-43），始建于 20 世纪 60 年代，沿八重洲路方向有 150m 长，二层有容量为 570 辆车的车库，三层为高速公路及管线廊道。

"复合型"地下街基本上以广场为中心沿道路向外延伸，通过地下通道与地下室相连，因而形成整体地下街。

二、城市地下空间综合体

1. 地下综合体的含义和作用

（1）地下综合体的含义

城市地下综合体是近几年来才出现的新词，一般指多功能大规模地下空间建筑，在垂直与水平方向若干单幢地下建筑的连接不能称为地下综合体。随着城市集约化程度的不断提高，单一功能的单体公共建筑，逐渐向多功能和综合化发展。一个建筑空间在不同条件下适应多种功能的需要，称为多功能建筑，例如一个会议厅可转换为宴会厅、舞厅，用于球类比赛的体育馆可转换为溜冰场等。由多种不同功能的建筑空间组合在一起的建筑，称为建筑综合体，例如在一幢高层建筑中，可以在不同层面上和地下室中分别布置商业、文娱、办公、居住、停车等内容，这些内容在功能上有些有联系，有的则完全无关。

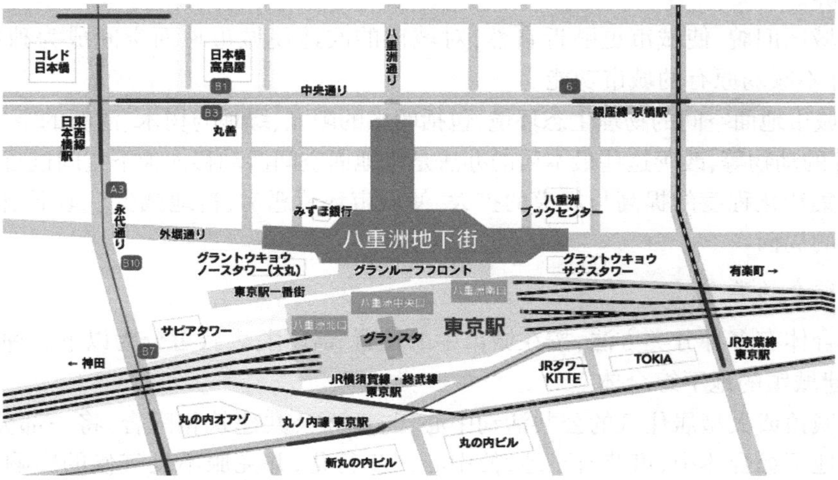

图 3-43　八重洲地下街平面图

经过进一步的发展，不同城市功能也被综合布置在大型建筑物中，成为城市综合体，它随着城市的立体化再开发而伴生于城市地下空间中，故称为地下城市综合体，简称地下综合体。例如，上海虹桥地区地下综合体（图 3-44），无论在体量规模，还是在实用功能上，都将在上海地区首屈一指。虹桥商务区地上和地下建筑面积比例达到1∶1，各街区间通过 20 条地下通道以及枢纽连接国家会展中心（上海）地下通道，将地下空间全部连通。据悉，所有地下通道项目建成后，整个地下空间面积达到 260 万 m^2，相当于 18 个半人民广场，可媲美世界闻名的加拿大蒙特利尔地下城。

图 3-44　上海虹桥地下综合体

（2）地下综合体的作用

①有序地开发地下空间资源，实施统一规划布置，减少资源的浪费与损失。

②分担和提高城市繁华区的特有功能,解决城市地面空间开发过程中所产生的一系列矛盾。

③实施对原有城市建筑的保护,特别是对有历史代表意义的古街道、古城堡、教堂及建筑的保护。拆毁那些对城市面貌及环境有突出影响的建筑、街道及管线,将阳光、绿地、广场、花园留给自然界。

④改善城区旧貌,使城市更贴近自然,对城市的改造使城市地面空间成为独特的风景艺术。为此,并不减弱原有的城市功能。

⑤恢复城市地面空间的物理生态环境,包括明媚的阳光、绿地与树木、清新的空气、清洁的江水、自由生存的动物等,改善这些最本质的办法是将地面空间活动移入地下空间进行综合解决。

⑥城市集约化程度的提高与规模的扩大,使城市环境恶劣,耕地减少。地下空间开发可解决空间紧张的局面。

2. 地下综合的类型

地下综合体有多种分类方法,按在城市中的位置和作用,大致可分为以下三种类型。

(1)新建城镇的地下综合体

在新建城镇或大型居住区的公共活动中心,与地面公共建筑相配合,将一部分交通、商业等功能放到地下综合体中,可节省土地,使中心区步行化,并克服不良气候的影响。这种地下综合体布置紧凑,使用方便,地面和地下空间融为一体,很受居民的欢迎。

(2)与高层建筑群结合的地下综合体

附建在高层建筑地下室中的综合体,其内容与功能多与该高层建筑的性质和功能有关,可视为地面建筑功能向地下空间的延伸。这类以办公和业务活动为主要功能的高层建筑,其地下综合体的内容多是为本建筑服务的设施,如停车场、各种机电设备和管、线等。

(3)城市广场和街道下的地下综合体

在城市的中心广场、文化休息广场、购物中心广场和交通集散广场,以及交通和商业高度集中的街道和街道交叉口,都适合于建设地下综合体。首先,在这些地点,各种城市矛盾,特别是交通矛盾特别突出,因而也是城市再开发的主要位置;其次,广场和街道的地下空间比较容易开发,尤其是广场,建筑物和地下管、线的拆迁问题和对地面交通的影响都较小。苏州桐泾公园地下商业综合体(图3-45)项目就是在原有公园的基础上,将整个公园面积由18hm^2增加到19.9hm^2,地下商业综合体开发为3层。今后市民在这个地下空间中,还能看到“人工峡谷”和“地下河流”,一改以往地下空间的沉闷幽闭感。

3. 地下综合体的功能组合

虽然每个地下综合体的内容有多有少,都有一些相似之处,但建设的目的和所承担的主要任务并不完全一致,有的以改善地面交通为主,有的以扩大城市地面空间,改善环境或保护原有环境为主;也有的是为了适应当地气候的特点而将城市功能的一部分转入地下空间。

城市地下综合体的特征决定了地下综合体的内容及组成。根据其所担负的城市不同功能特点,地下综合体的主要功能应有所侧重,主要有以下几方面功能。

①以地下街及步行道为中心的大型地下步行街及商业中心,包括步行过街、步行街及购物娱乐、出入口及休息厅等。

图 3-45　苏州桐泾公园地下商业综合体效果图

②以地下铁道为中心的交通集散系统，包括出入口及站厅、站台与隧道等。

③以地下车库为中心的停车场系统，包括车辆出入口、车库、连接通道及相应设施。

④各种公共服务功能系统，如地面建筑的地下空间建筑中的饮食、文娱、体育、银行、邮政等公共设施，这些设施也可同地下步行街相结合。

⑤以地下设备为中心的综合管线廊道系统，如水源、变电、进排风、空调、煤气、供热等组成的管线廊道。

⑥防灾减灾防护体系，主要包括战时需要具备的一些功能，侧重平战结合，如防护设施、防灾中心、临战前应急加固体系、转移疏散及指挥系统。

此外，地下综合体还有其他一些功能，如抗御战争破坏和自然灾害，促使地下公用设施管、线的综合化等，也都是不容忽视的。

4. 地下综合体的发展概况

地下综合体是在近三、四十年间发展起来的一种新的建筑类型，欧洲、北美和日本的一些大城市，在新城镇的建设和旧城市的再开发过程中，都建设了不同规模的地下综合体，成为具有现代大城市象征意义的建筑类型之一。

欧洲国家，如德国、法国、英国的一些大城市，在战后的重建和改建中，发展高速道路系统和快速轨道交通系统，因此结合交通换乘枢纽的建设，发展了多种类型的地下综合体。其特点是规模大，内容多，水平和垂直两个方向上的布置都较复杂。

美国城市由于高层建筑过分集中，城市空间环境恶化，因此在高层建筑最集中的地区，如纽约的曼哈顿区、费城的市场西区、芝加哥的中心区等地，开发建筑物之间的地下空间，与高层建筑地下室连成一片，形成大面积的地下综合体。

加拿大的冬季漫长，半年左右的积雪给地面交通造成困难，因此大量开发城市地下空间，建设地下综合体，用地下铁道和地下步行道将综合体之间和综合体与地面上的重要建筑物之间连接起来。多伦多市的伊顿中心，是一个大型的综合性购物中心，商场总面积 56 万 m^2，商业空间从地面上 3 层的玻璃顶中厅商场和 10 层的百货商店，一直延伸到地下空间，在地下综合体中商业也占有较大的比重。

蒙特利尔市有6个大型地下综合体(图3-46),总面积80余万m^2,仍在继续扩展。这些综合体在地下连通后,连接了地面上的高层办公楼面积共146万m^2,还有6家旅馆、936套住宅和一所大学。在地下综合体群内,共有商业空间面积约90万m^2,餐馆128家、电影院22个、剧场4个、展览厅2个、时装店1015家、银行办事处25个,以及拥有近万个车位的地下停车库、10个地铁车站、2个铁路车站和1个公共汽车终始站。

图3-46　蒙特利尔市地下商城

日本地下街经多年发展,形成了自己的功能明确、布置简单、使用方便、重视安全等特点。在规模上,并不追求过大,目前单个地下街面积最大的不超过8万m^2,一些新建的地下街面积多在3万~4万m^2,如图3-47所示是日本由地铁衍生的地下综合体。

图3-47　日本由地铁衍生的地下综合体

近年来,我国有些大城市为了缓解城市发展中的矛盾,进行了建设城市地下综合体的尝试。据不完全统计,目前正在进行规划、设计、建造和已经建成使用的已近百个,规模从几千到几万平方米不等,主要分布在城市中心广场、站前广场和一些主要街道的交叉口,以在站前交通集散广场的较多,对改善交通和环境、补充商业网点的不足,都是有益的。

第六节 城市地下工业工程

工业建设是城市构成现代文明的亘要物质基础,是社会、经济的发展的动力,是城市形成和发展的重要内容,它在城市中布置,并影响着城市的性质、规模和总体布局的确定,对城市的形成、发展起着重要的作用。世界人口的急剧增长和城市化步伐继续加快,工业化进程速度也逐渐加快,用地范围的扩大和工业产量的提高,导致城市发展与土地资源紧缺的矛盾日益突出,城市问题越来越多。随着工业建设进程飞速发展,解决工业发展对自然生态系统的冲击成为我国乃至全世界共同关注的课题。为了寻求城市发展的合理途径,国内外许多专家一致认为,开发利用地下空间资源,走城市内涵发展的道路,对提高现有城市的土地利用率,维持城市的可持续发展,解决种种环境问题有重要意义。

一、建设地下工业工程的意义

1. 有利于节约城市土地

城市地下空间是一个十分巨大而丰富的空间资源,城市地下空间建设可缓解城市中心区密度过高的现状和趋势,最大限度地节约土地资源,同时又能使城市建设保持开敞的空间、充足的阳光、新鲜的空气、优美的景观、大面积的绿地和水面,为居民提供不受自然气候影响的居住和工作条件。特别是大城市的建设与发展,占有的土地更为突出,据不完全统计,新中国成立以来,城区面积广州市扩大了1.4倍,天津市扩大了2倍,西安市扩大了3倍。耕地在减少,人口又在不断增加,人均占有耕地的数量在迅速下降。面对如此严峻的土地形势,对于工业企业的建设来说,除了合理规划,精心设计,采用方案合理、布局紧凑的总图布置形式,厂房联合集中,公用和公共设施集中布置外,将部分工业企业设置在地下,积极开发利用地下空间,也是一种十分有效的途径。

2. 有利于保护环境,美化城市

工业建设是城市环境的主要污染源,工业生产要排放大量的工业废气、烟雾、粉尘、污水,以及在生产中产生的噪声干扰与“热岛效应”等都是城市环境的主要问题,已严重影响了人类生存条件和经济发展,以至威胁人们的生命。据统计,1990年全国废水排放量为3.54×10^{10}t;其中工业废水排放量为1.49×10^{10}t,工业固体废弃物和城市生活垃圾的排放量日益增多,处理和利用率仍不高,没有得到利用的工业废渣和城市垃圾都堆积在城市和工业区的郊区和河流荒滩上,成为严重的二次污染源的占40.6%,工业和其他噪声占26.7%。目前我国防治工业污染的任务十分艰巨,需要采取积极措施,建设污染处理工程,提高工业污染物的处理能力。在这种形势下,利用地下空间建设污水处理厂、废物处理厂、电站,将一些噪声大的企业,城市中不甚雅观的基础设施,如垃圾焚火炉、能源储存中心、高速铁路等置入地下,对于保护城市环境、美化城市将起重要的作用。

3. 有利于节约能源

地下空间的优点是不受气候影响、节能而且安静,并能比地上工程更好地防止发生可能的灾难性事故,能更少受到地震的破坏。目前中国的工业化还远未完成,能否保持比较高的经济增长速度,实现工业现代化,在很大程度上取决于能源的供应和有效利用。我国能源消费总量居世界第三位,但人均消耗能源的水平很低(不足1t),仅为世界人均的1/4,发达国家的1/10,且能源供应还远远不能满足国民经济发展和人民生活水平提高的需要,工业企业又是能源消费大户,节约能源应是工业企业长期的能源利用政策。为此,将某些轻工业和手工业的生产企业,特别是精密性生产企业、油类药品、食品库等建在地下,不仅利于节能,也有利于生产。

4.有利于提供特殊的生产环境

地下空间具有良好的密闭性与稳定的温度环境,防震性和防磁性能良好,为某些类型的生产提供良好条件,如对环境温度有较高要求精密仪器生产用房、对防磁性能要求的指挥中心、对密闭性要求的储藏库等。

二、城市地下工业工程的分类与特点

1.地下轻工业与机械工业工程

地下空间的封闭性和热稳定性及其防震、防磁等性能,特别有利于某些轻工业、手工业、精密性生产等工业的生产(图3-48、图3-49)。如四川省船舶修理厂,坚持在地下生产已有十几年的历史,多数洞室无衬砌,利用自然通风与机械通风相配合,基本上解决了洞内通风与除湿问题;此外,该厂还在地下易燃、易爆和精密设备车间,建造了400kW的备用地下发电站、灌氧站和可容纳800人的地下礼堂和会议室等生活设施,取得了很好的综合效益。再如重庆市钟表工业公司,是生产闹钟、手表、防振器等产品的中型钟表企业,近年来,生产发展很快,急需扩大公司厂房和生活福利场地,但扩大企业用地非常困难,1967年开始向地下要地,先后修建了面积8715.39m^2的地下工业工程,其中,地下礼堂、地下饭厅、地下厨房、小会议室、休息室、生产车间、物资仓库、制氧间等已投入使用。目前,重庆市还有很多单位开始向地下发展,先后建成各种地下车间、仓库等。实践证明,把这些建筑设在地下是完全合理的,腾出极宝贵的地面做绿化、运动、休息之用,地面、地下结合可获得很大的综合效益。

图3-48 地下精密仪器生产车间

图 3-49　战机地下生产车间内

此外，由于现代太空技术、核能技术和电子技术的发展，精密性生产产品部件的精确度要求越来越高，如机械的精加工产品尺寸形状误差，通常要求控制在几十至几个微米之间。要保证这样的精度，室内温湿度波动必须控制在极小范围内，否则由于金属的热胀冷缩，加工精度就难以保证。这些温湿度、清洁度、防微振、防电磁屏蔽等高技术要求，如果在地面建筑中创造这样的环境条件，必须增加复杂的空气调节系统，配合各种高效过滤器等，而在地下空间中，则可以利用岩土良好的热稳定性和密闭性，大大节省空调费，减少粉尘来源，容易创造精密性生产所需的环境条件。

2. 地下能源工业工程

地下空间具有防火、防盗等优点，它对于能源开发和合理利用及储能、节能，对于应付日趋严重的能源危机等，潜力巨大。当今世界各国在利用地下空间储能、节能方面做了大量的工作，尤其是北欧、斯堪的纳维亚地区、美国、英国、法国和日本等国，工作很有成效，取得了良好的经验。目前，世界各国利用地下空间储能、节能的方式主要有：开凿洞室的储备方法，利用废旧矿井系统，利用岩盐溶淋洞室和含水层储藏等。

3. 地下食品工业工程

由于地下温度稳定，在此自然低温下冷藏，保鲜效果好，耗能源少，保鲜效果好。如西安阎良的地下冷藏厂，存肉数百万斤，具有结构简单、造价低，坚固耐用、存放效果好、不占耕地等优点；四川达县地区肉联厂，先后用 100 万元改造人防工事作为地下冷库，仅 1986 年一年时间获利润 357.85 万元；再如重庆大板桥的地下冻肉库，1975 年建成后投入使用，冷藏规模 500t，总建筑面积 8000m^2，总投资 51.8 万元，计每吨投资 1036 元，按同类型地面冻肉库需 70 万元相比较，节约投资 26%。另外，对该库的热工测定表明，在没有结冻或制冰的情况下，机器运转台数减少 40% ~50%，转运时间减少 55%，库温仍保持恒定，相应地减少电、油、氨的耗费，降低了生产费用。现在重庆结合城市的布局，分片建立起各种岩洞冻肉库 10 个，洞体面积 $1.66\times10^4m^2$，储藏量 1 万余吨。

此外,某些要求恒温、恒湿的食品生产车间,将之放在地下空间中也十分容易,往往只要除湿就可达到要求,如营养价值和药物价值都很高的竹参、银耳、木耳、天麻之类均可在地下空间中生产。

4. 地下电力工业工程

在电力工业方面,利用地下空间建设地下发电站、变电站等,正在不断发展。如我国二滩水电站(图3-50、图3-51)位于四川省西南部的雅砻江下游,是雅砻江全流域梯级开发21个水电站中第一个开发项目,是中国在20世纪末建成投产的最大水电站。其中,为了充分利用优越的地形、地质条件,缩短工期和降低工程造价,二滩水电站枢纽工程布置选择了左岸地下厂房方案。二滩水电站地下厂房埋深200~400m,包含导流洞、泄洪洞和过木机道工程,洞室群纵轴线方位为N6°W。主厂房、主变室和尾水调压室采用平行布置方案。主厂房下游墙至尾调室上游边墙净距采用90m的厂区布置方案。日本先后在雨龙、水上、须田贝、奥只见、新冠、大平、玉原、今市等地建起了二十几座地下发电站,在新宿、奥只间、九段等地建设了十几座地下变电站,收到了良好的经济效益。可以预料,燃料的地下储备、原子能发电站的地下选址等地下工程将会有较大的发展。现在,欧洲、美国等地已建多处地下原子能发电站。也可以利用地下空间采用管路的形式,作为输电设备。

图3-50 二滩水电站地下厂房入口

图3-51 二滩水电站地下厂房发电车间

第七节　地下人防建筑

地下人防建筑工程(图3-52),是指为保障战时人员与物资掩蔽、人民防空指挥、医疗救护而单独修建的地下防护建筑,以及结合地面建筑修建的战时可用于防空的地下室。人防工程是地下工程的重要组成部分,它是城市抗灾救灾不可缺少的生命线工程,是防备空中袭击、有效保护人员和物资、保证战争潜力的重要设施。其主要类型包括指挥工程、人员掩蔽工程、医疗救护工程等。实践表明:地下空间建筑在战争灾害中的防御效果是最好的。因此,人防工程建设是地下空间的重要内容。许多国家都非常重视人防体系建设。平时多准备,一旦进入战争,则能有效地保护人员和保存物资。现在建造人防工程,一般注意平战结合,充分利用地下空间资源。地下商场、地下停车场等的设计都充分考虑了这点。

图3-52　某地下人防工程

一、地下人防工程的分类

人防工程是一种有防护要求的特殊地下建筑,其常用的分类方式有以下几种:按抗力等级划分,工程可直接称为某级人防工程;按战时用途划分,可分为指挥通信、人员掩蔽、医院、救护站、仓库、车库等;按平时用途,可分为商场、游乐场、旅馆、影剧院(会堂)等;从工程构筑方式划分,又分为掘开式工程和坑地道工程两大类。

为了合理反映工程造价,预算定额和工程预算通常以工程构筑方式进行分类,可分以下几类:

1. 地道工程

地道工程是大部分主体地面低于最低出入口的暗挖工程,多建于平地。

2. 堆积式工程

堆积式工程是大部分结构在原地表以上,且被回填物覆盖的工程。

3. 坑道工程

坑道工程是指利用高出地面的山地、丘陵、台地,从自然地面或自然地面以上部位切口、掘

进水平倾角 <50°，大部分主体地面高于最低出入口的暗挖工程，多建于山地或丘陵地。

4.掘开式工程

掘开式人防工程，是指采用首先开挖工程基坑土石方至设计标高，然后浇筑工程，再覆土回填的方法构筑的人防工程。对于采用掘开方式构筑的平时战时用途为地下通道即地道，也应归入掘开式工程范畴；对于坑道工程切口以久采用掘开方式施工的部分，从计价定额执行角度讲，除切口土石方外，也应纳入掘开式工程相应定额执行范围。

掘开式人防工程，根据工程上部地面是否有地面建筑，又分为单建式人防工程和附建式人防工程。单建式工程上部一般没有直接相连的建筑物；附建式工程上部有坚固的楼房，亦称防空地下室。

二、地下人防工程的发展

瑞典人防从1938年开始建设，目前已建工事6800个，面积720万 m^2，在战争时期，全国90%的人员都能进入掩体，人均面积达到0.8m^2。在设备方面也是十分先进的，包括通信、指挥、报警、防核化装备等。尽管瑞典近百年来未发生战争，但仍然做出战争爆发的各项准备，就以平均使用寿命20年的防护衣来说，已生产760万套，占900万人口的84.4%，到期就报废，定期更新，经费由国家负责。目前，瑞典人防建筑平时均已利用。以美国的地下核导弹基地为例，一个地下空间发射中心掌管着10枚核炸弹，总当量相当于600颗广岛原子弹。人们在和平时期很难想象，美军的7500枚核弹头(相当于当量为14.5万颗广岛原子弹的威力)，高度戒备状态下核炸弹发射事故却能为零，因为它们深藏在地下控制中心。公众可能已经忘却了这些武器的威胁，但美国当局及各国的有关部门却没有忘却。地下空间能有效保护人身安全。

我国从20世纪60年代起进行人防工程建设，各地区建设许多交通干线、指挥所、掩蔽部、医院。“816工程”(图3-53、图3-54)，全名为“三线建设进洞的原子能反应堆及化学后处理工程”，坐落在重庆涪陵区白涛镇的深山里，是1966年9月周恩来总理亲自批准修建的中国第二个核原料工业基地，即为制造原子弹提供核原料的地下核工厂，被列为绝密级军事机密。因为当时是一项隐秘的工程，所以只有编号。该工程1967年开工，前期由工程兵进行开凿打洞，前后共用人力6万多人，1984年停工。2002年4月解密。816核工厂整个建筑洞体呈抽屉形，路线宛如迷宫。据介绍，山体周围共有19个洞口，分别规划为人员出入口、汽车通行洞、排风洞、排水沟、仓库等，洞内共有大小洞室18个，道路、指引的导洞、支洞、隧道等130多条。

20世纪80年代末期，已把地下空间开发同城市建设、人防建设相结合作为建设目标。进入20世纪90年代中期，地下空间开发考虑把平时和战时功能转换作为人防的建设基调。新建的人防工程在建设前都经过了可行性论证，既考虑到战时防空的需要，又考虑到平时经济建设、城市建设和人民生活的需要，具有平战双重功能。同时，人防工程严格按建设程序办事，从土建到装修都注重质量。建成投入使用后，取得了显著的战备效益、社会效益和经济效益。许多大中型人防工程成为城市的重点工程，如哈尔滨奋斗路地下商业街、沈阳北新客站地下城、上海人民广场地下停车场、郑州火车站广场地下商场等，在社会上产生了巨大的影响。现在，在大中城市中已开始建设或筹建地下铁道、地下街及地下综合设施，这些地下设施都有一定的防护能力。

图 3-53 重庆涪陵 816 地下核工程洞口

图 3-54 游客在 816 地下核工程参观

以上所介绍的地下建筑工程都是利用地下空间提供的特殊生产环境,满足各工程的具体特殊要求。地下工程建设有一定的难度,但它们代表着未来城市发展的方向。

思考题

1. 城市地下工程的建筑可分为哪几类?
2. 城市地下静态交通系统、动态交通系统包括哪些内容?
3. 地下铁路的特点是什么? 地下铁路运输系统由什么构成?
4. 地下公路包括几种形式?
5. 地下停车场有什么特点?
6. 简述地下民用建筑的特点和优越性。
7. 何为地下综合管廊? 其优缺点是什么?
8. 地下储藏库工程有哪些类型?
9. 城市地下综合体的含义和作用是什么?

第四章　地下工程的规划与建筑设计

第一节　地下空间规划的基本原则与内容

一、城市地下空间规划的特点

(1)地下空间工程规划受到原有城市规划的限制。

受时代局限性的影响,原有城市规划基本上没有或较少考虑地下空间的规划问题。地下空间规划受到地面城市规划限制的主要区域有:地面建筑下次浅层空间内往往受到地基基础的限制,通常地面建筑工程建设影响深度在10~100m之间。地下空间规划距地表越深则受限制越少。

(2)地下空间规划应结合地面建筑的地下室开发利用进行。

地下室的开发利用是地面空间资源的一部分,目前大多地面建筑都进行了地下室的建设,多层建筑的2层地下室及高层建筑的3~8层地下室已经比较常见,其地下影响深度可达几十米。

(3)次浅层以内的地下空间规划常结合地面道路进行。

包括地下铁路、公路隧道、地下停车场等交通设施,地下公共空间建筑常结合城市的广场、绿地、公园等进行规划。

(4)地下空间规划受地质条件影响很大,地下空间建筑必须考虑不同土层以及地下水的影响。

(5)地下空间工程范围广泛、类型多、技术条件复杂,是城市防灾、减灾的重要组成部分。

(6)从保护生态环境和可持续发展的角度出发,城市地下规划应与地面规划相结合、统筹考虑。

二、地下空间规划的基本原则

地下空间开发利用是为了保证城市的可持续发展,为了保护人类赖以生存的自然环境,地下空间的规划必须坚持以下基本原则:

(1)地下空间规划的编制应纳入城市总体规划中,遵循国家有关的方针、政策。

(2)地下空间规划应以保护城市的历史原貌、节约土地和扩大美化地面为基准,以保护生态环境为出发点。

(3)地下空间规划应根据地区发展水平及经济能力进行,分步实施近、中、远期规划目标,分层次实行立体综合开发。

(4)城市地下空间规划应以保障、改善城市地面空间物理环境,降低城市耗能,改善地面生活环境为原则，做到不重新污染和破坏自然环境。

(5)应将对城市环境影响较大的项目规划在地下，如交通、市政管线、工业与公共建筑等，而将住宅、公园、绿地、历史保护建筑等保留在地面或将居住建筑规划在地面及地下浅层空间内。

(6)地下空间工程规划应结合城市防灾、减灾要求进行。

三、城市地下空间规划的主要内容

1. 地下空间与地面空间规划的协调关系

城市地下空间规划应在现有城市规划基础上进行，包括原有城市现状和新城规划，并应结合地面区段的功能进行考虑，如商业中心的地下不宜建设地下工业工程项目等。因此，需要研究城市建设与地下空间建设相结合的途径。

2. 地下空间规划的现状与发展预测

到21世纪初的100多年间，城市建筑已经建成了相当多的地下建筑，有些未能很好地与地面城市规划相结合，甚至有些地下工程对城市规划起到了不良影响，如质量低下、容易漏水的地下工程，设计容量过小的交通设施等。对现状调查有助于地上、地下的协调规划，统一解决地上、地下空间建筑功能的不同组合问题，通过对地下空间工程的发展预测从而对城市地下空间进行良性开发。

城市地下空间需求预测的主要内容是针对城市人口增长率及土地利用的预测来探讨，其基本原则是确定人口年变动因素，根据土地及建筑的人均占有比例，预测人口对空间需求的趋势。在总预测量中应包含不同功能的地下空间，如交通空间、防护空间、居住空间及公共空间的需求，也可通过城市绿地及环境的需求来改造地面空间（拆除整治），并将其需要的建筑空间移入地下等。

3. 地下交通设施规划

地下交通设施是改造地面交通拥堵的主要出路。地下交通设施既可减少噪声及空气污染，同时又不占用地面空间及农田，相比地面交通利多弊少。

4. 城市地下空间民用工程规划

城市地下公共设施包括商业、办公、文化娱乐、体育、医疗等以公共活动为目的的设施。就目前的技术条件，人们尚不适应完全居住在地下，因为全封闭的地下空间无法提供人们生理和心理需求的阳光、自然通风及绿色环境。居住区规划应侧重于可接收阳光、通风良好及能进行绿化的环境。

5. 城市地下市政工程的规划

城市市政工程设施由多项为城市服务的管网系统组成，如给水排水、电力电信、煤气供热、通信网络、防洪抗洪等设施。每个分项均应由专业工程技术人员负责并同规划人员共同来进行市政设施的规划。目前国家正在大力推进城市地下综合管廊建设，统筹各类市政管线规划、建设和管理，解决反复开挖路面、架空线网密集、管线事故频发等问题，有利于保障城市安全、完善城市功能、美化城市景观、促进城市集约高效和转型发展。

6. 城市地下工业设施规划

工业是城市发展的主要动力,但也会给城市带来很多负面的影响。地下工业设施只是地面工业设施的一种补充,因为完整的工业体系已经形成,当需要继续扩大生产及空间规模时可以考虑向地下发展,地下空间对某些工业生产起着有利作用,如对温度、湿度、密闭隔绝等方面要求比较高的工业适宜设在地下空间中。城市地下综合管廊示意图如图 4-1 所示。

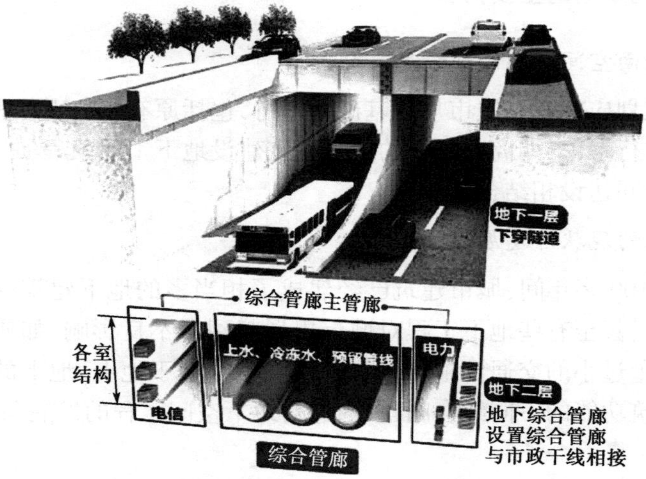

图 4-1　城市地下综合管廊示意图

7. 地下储存系统规划

地下储库是用来存放各种生活物品及生产资料的场所,包括车库、粮库、油库、危险品库及各种类型的气、水、核废料库等。

8. 防灾与防护系统规划

城市防灾规划主要防止自然、战争等灾害对城市造成的破坏,防护工程是防御战争和灾害发生时的工程系统。灾害发生的时间和频率一般很难确定,所以地下空间防护工程规划应与城市防灾规划相结合。

四、地下空间开发同城市建设相结合的途径与方法

1. 城市地下空间开发利用与地面空间建设的关系

(1)地下空间是城市地面空间资源的补充。

城市发展表明只有当地面空间资源不足时,才会积极开发地下空间。地面空间总是开发在先,地下空间开发大多有滞后的特征。

(2)地下空间开发与人防工程相结合。

开发地下空间不仅仅是城市建设发展的需要,也是战备防护的需要,在大量开发地下空间的同时应把防灾防护纳入地下空间开发的领域中。

(3)地下空间规划通常在地面城区建设已定型的现状下进行。

地下工程受地下空间规划及地面道路、建筑和其他设施影响较大。地面建筑规划的形式

往往决定了地下建筑规划的形式和规模。

(4)新城规划仍要将地下空间与地面空间规划相结合。

2. 城市建设中的地下空间规划途径

(1)充分利用地面建筑的地下空间。

充分利用地面建筑开发单层或多层的地下室,作为库房、商业店铺、地下车库等用房,可提高城市的容积率。同时,它又是防灾与防护工程的一部分,在危急状态下可作为掩蔽工程。规划中应注意的问题是如何将这些分散独立的地下空间联系起来形成四通八达的地下空间网。

(2)地下空间开发规划的功能常与地面建筑使用性质及环境相关。

城市不同地段的特点不同、地面建筑的功能不同,所以其地下空间的功能规划也要区别对待(表4-1)。

地上与地下空间规划功能关系　　表4-1

序号	地面环境及建筑性质	地面环境特点	可规划的地下空间使用性质
1	火车站、汽车站	集散广场、人流量大	商业中心、宾馆、车库、地铁车站
2	城市广场	开阔宽敞、繁华	车库、购物中心、地铁车站、下沉式广场过渡的地下设施
3	繁华商业中心	繁华、拥挤	地下街、地下综合体、娱乐场所
4	公路交通	噪声大,人、车流量大	交通工程及公用设施
5	学校	安静	实验室、图书馆、体育馆
6	医院	交通方便、安静	门诊部、住院部
7	工厂	厂区	车间、库房及辅助用房
8	住宅区	生活区	地下室、车库、人防工程、综合管廊
9	道路交叉口	繁华,人、车流量大	地下过街或交通枢纽
10	重要地段及设施	地形特殊、重要掩蔽	储库、工事、防护工程
11	风景区与历史建筑	人流量大	交通、服务、娱乐设施
12	废弃空间及坑洞	地点偏僻	地下储存设施、库房

(3)地下综合体的规划应在城市中心地段。

地下综合体的开发与规划主要应在城市中心区广场、车站、商业中心区(CBD)等地段。综合体的特点是功能多,集交通、购物、娱乐、步行等功能为一体,是城市地下空间中较为复杂的大型建筑系统。地下综合体投资大、涉及因素多、建造复杂,常与地下街、地铁车站相连。巴黎拉德芳斯CBD的地下综合体如图4-2所示。

(4)通过地下轨道交通建设改造旧城,并与新城建设相结合。

各国在进行地下轨道(地铁)建设中都将新城规划与旧城改造结合起来。地下轨道建设投资巨大,为城市带来新貌,特别是将地铁车站同大型综合设施相结合,其服务功能十分强大,保护了地面自然景色。

(5)充分利用已有的地下人防工程进行地下空间开发。

我国人防工程建设已有几十年历史,各城市都相继建设了大量的人防工程。大部分的人防工程可改造成平时可以利用的地下空间。

图 4-2　巴黎拉德芳斯 CBD 的地下综合体

3. 城市地下空间总体规划的关键问题

(1)城市地下空间规划应为点、线、面的结合。

点即城市繁华区中心的地下综合设施,线即通过地下交通网络进行连通,面即地下综合体或地下城。

(2)规划中以地下交通工程为依托,连接各个中心的地下综合体。

地下综合体包括出入口、连通口、车站、广场、地下商业街、地下车库、步行街等,由于功能多、人流量大,需要将地铁车站及地下快速交通与综合体相组合。

(3)地下空间规划中应尽可能考虑市政综合管廊建设的可能性,如暂时条件不允许也要从将来建设的角度去规划。

(4)在城市非繁华区域,如条件允许可考虑规划地下居住建筑,且以半地下和覆土式为主。

就目前的技术水平,全埋式的居住建筑很难达到与地面建筑空间相同的采光通风条件,所以要尽量避免。地下、半地下式的居住建筑的采光、通风、绿化可通过采光井、中庭、下沉式广场解决。

(5)地下空间建筑规划要考虑到室内外环境,考虑内部空气质量、视觉和听觉质量,以及对人的生理和心理的影响。

第二节　地下工程的规划设计

一、地下空间规划理论

19 世纪末至 20 世纪初的工业革命,使西方资本主义国家得到了前所未有的发展,城市中出现了大量的工厂,大量人口拥入城市,随之出现了城市居民生活条件急剧恶化、交通拥堵、环境破坏等一系列问题。面对城市扩张过程中出现的各种矛盾,当时的建筑师、规划师们开始不断尝试城市与建筑向地下发展的探索和实践。其中,最具有代表性的理论有以下几种。

1882 年,西班牙工程师索里亚 · 玛塔(Soriay Mata)提出了“带形城市(Linear City)”的构想(图 4-3)。索里亚认为城市应沿运输线呈线性发展,同时对城市运输线的建设提出了地面、地下、空中三种方案,并于1892年着手在马德里建立世界上第一个线性城市。由于种种原因,这一计划只在十分有限的程度上得到了实施。但是,索里亚"带形城市"的构想充分体现了开发利用地下空间在功能和形态上与城市协调发展的思想。如图4-4所示的上海五角场环岛交通系统的建设就是索里亚思想的体现。

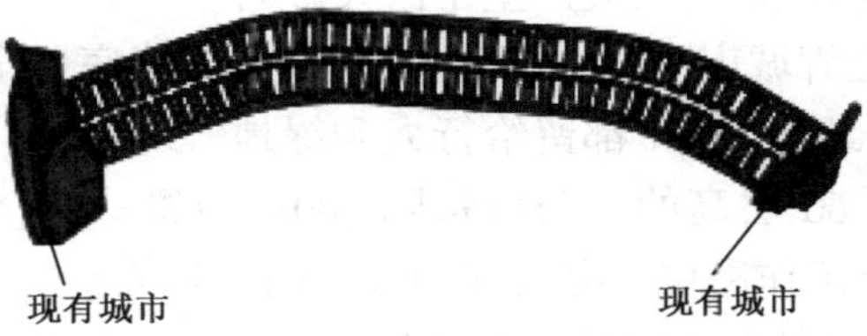

图4-3　带形城市设计示意图

图4-4　上海五角场环岛交通系统

另一位倡导地下空间开发利用的先驱是著名的法国建筑师欧仁·艾纳尔(Eugene Henerd)。早在1906年,巴黎只有4077辆汽车,且正在修建地铁,他就以发展的观点提出了对巴黎街道网进行规划的设想。首先提出建设环岛式交叉口系统,在环岛的地下构筑人行过街通道以解决人车混行的矛盾,并在里面设置服务设施;其次,艾纳尔就城市空间日益拥挤的问题,于1910年提出了多层次利用城市街道空间的设想,提出了一种多层次的交通干道系统(图4-5)。该系统将地面层用作步行和汽车交通,地下一层用作有轨电车交通系统,地下二层用作

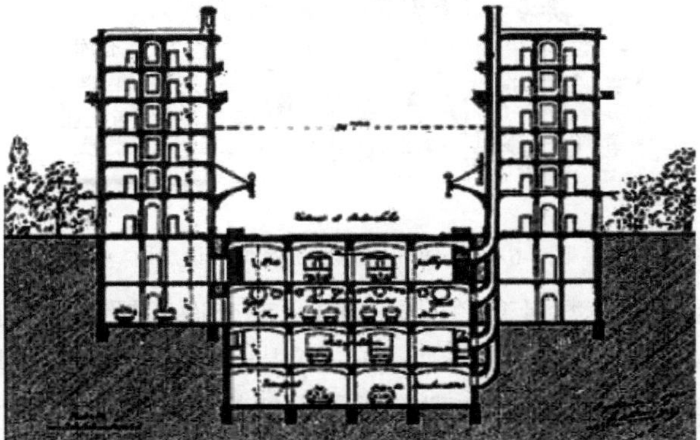

图4-5　艾纳尔的多层交通干道系统示意图

市政管线铺设,地下三层用作城市垃圾运输,地下四层用作货物运输。这样大量的城市用地可以用来布置公共绿地,美化了城市环境。艾纳尔的这些思想极大地影响了现代城市尤其是道路地下空间的开发利用。

法国著名建筑师勒·柯布西埃(Le Corbusier)系统地建立了现代主义的理论体系,对20世纪后半叶现代主义建筑和城市的发展产生了巨大影响。在1933年出版的同名著作中,柯布西耶描述了他所设想的"光辉城市"的终极面貌:所有住宅楼底层全部架空,高速公路也全部建造在5m高的空中,整个地面100%都留给行人和绿地、沙滩。办公和商业区域与住宅区相分离,通过高速公路相连。60层高的办公楼每隔400m布置一座,各个方向都与高速公路相连,每座楼可容纳12000个工作岗位。办公楼的底层同样是架空的,把地面和屋顶全部留给绿地和沙滩。工厂区分布在与商业区相对的方向上。还有大学和体育场,它们被安排在另一条轴线的远端,远远离开城市。所有这些都严格按照功能区分,全部都通过高架的高速公路、地面铁路和地下铁路联系在一起。勒·柯布西埃的光辉城市设想图如图4-6所示。

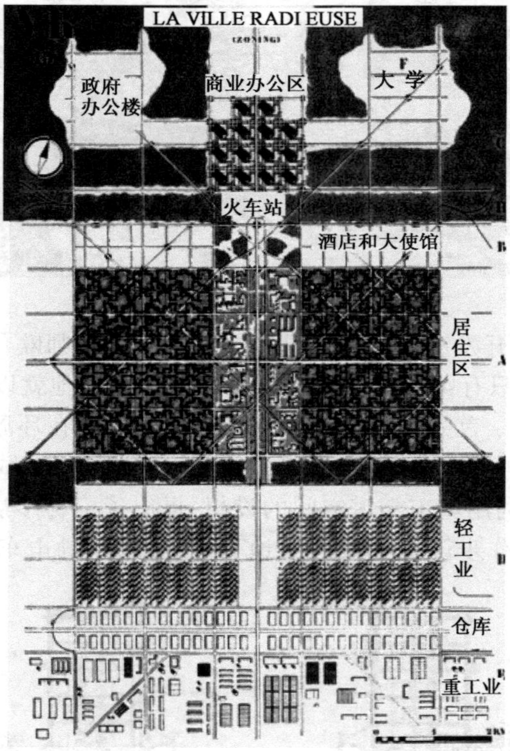

图4-6　勒·柯布西埃的光辉城市设想图

为了解决二战后私人汽车数量激增所导致的城市交通问题和能源问题,20世纪70年代瑞典建筑规划师汉斯·阿斯普伦德(Hans Asplund)提出了著名的"双层城市"规划理论。他在《双层城市》一书中指出:"双层城市"的理论所寻求的是一种全新的城市发展模式,将交通在两个平面上分离,即人与非机动车交通在地面,而机动车交通在地下或半地下,实现人、建筑、交通三者在三维立体空间的协调发展。

1990年,日本Yanshio Watanabe教授根据日本的实践提出了分层开发地下空间的具体设想,根据地下空间的功能,由浅及深的将其分为四层:第一层为人员活动频繁的办公、商业和娱乐空间;第二层为人员活动时间短的交通空间;第三层为人员较少的动力设备、变电站和生产设施等;第四层为无人的污水、煤气和电缆等公共管线。

近年来,随着地下空间工程技术的发展以及城市部分地区地下浅层空间开发已经日趋饱和,国外学者已经把眼光投向更深层地下空间的开发利用。日本学者尾岛俊雄提出了在城市次深层地下空间中建立封闭性再循环系统的构想,把开放性的自然循环转化为封闭性再循环,用工程方法将多种循环系统组织在一定深度的地下空间中,又称为城市的“集积回路”。尾岛先生设计了一个覆盖东京23个区的地下大深度公用设施复合干线网,所有物流系统如污水、垃圾、供热和供冷的空气等的运送、处理、回收都在这个大循环系统中进行。深层地下空间规划理论和开发实践的出现,对于未来城市的可持续发展和生态化建设,无疑具有深远的意义。

我国利用城市地下空间的历史由来已久,但是对于地下空间开发利用的理论研究则是随着新中国成立以后的人防建设缓慢发展起来的。20世纪80年代后期,以人防建设为主的城市地下空间开发利用的格局被打破,取而代之的是从城市发展的全局出发、综合规划城市地下空间开发利用的新格局。在实践上,将一系列专业规划,如人防工程规划、城市轨道交通规划、市政基础设施规划等进行扩展并加以整合。其中具有代表性的研究学者及其理论成果有以下几个方面:

清华大学童林旭教授于1994年出版了《地下建筑学》一书,可以说是我国在地下空间开发利用领域的拓荒之作,2012年进行了再版,比较全面地反映了近十几年来地下建筑学的发展以及地下空间开发利用和建设的最新成就,总结了我国的实践经验,对我国的地下空间开发利用与地下建筑规划设计有一定的参考作用和指导意义。

同济大学束昱教授自20世纪80年代开始从事城市地下空间开发领域的教学和科研工作,《地下空间资源的开发与利用》(2002年)一书首次全面地介绍了日本地下空间开发利用的经验和技术成果,结合多年的规划研究和实践提出了地下空间规划的编制内容与编制方法。

清华大学祝文君教授在参与北京、青岛、厦门等城市的地下空间规划编制工作的基础上,系统深入地研究了城市地下空间资源评估理论及方法,在《城市地下空间资源评估与开发利用规划》(2009年)一书中作了全面介绍,提出了地下空间资源评估指标体系、评估分析模型、评估标准及评估平台系统。

解放军理工大学陈志龙、王玉北教授在其专著《城市地下空间总体规划》(2011年)中,结合大量城市地下空间规划项目实践和研究积累,比较系统地总结了城市地下空间开发利用规划的编制程序和技术方法,包括资源评估、需求预测、总体布局与形态,以及地下交通、地下公共服务空间、地下市政设施、地下物流系统等内容,对国内城市地下空间规划编制实践具有指导作用。

此外,还有很多学者从建筑学、城市设计、轨道交通等学科视角对地下空间规划提供了理论基础,在此不一一赘述。

二、地下工程的发展区域与重点

1.我国城市地下工程的发展特点

我国对地下空间的大规模开发利用始于20世纪60年代后期的人防工程建设。迄今为止,我国城市地下空间的开发利用,大致可以归纳为以下几个特点:

(1)城市地下空间的利用,多偏重于商业经营和地铁工程,在地下公用综合设施(共同沟)、地下储存和城市废弃物处理等方面的发展较少,且在内部环境和安全方面,除少数工程外,尚处于较低的水平。

(2)我国近几年在城市规划和建设领域内,已陆续制定了相关的法律法规;在人防领域中也有了一些必要的法规和设计规范。但涉及地下空间开发利用的一些全局性问题,例如地下空间的所有权和使用权问题、开发战略和方针政策问题、领导和管理体制问题等,仍处于缺法可依的状况。在技术政策方面,目前还缺乏技术先进并符合我国国情的建设标准和设计标准,尚无反映地下空间特点的统一标准可循。

中国地下空间的开发利用,应根据当地的实际情况和经济发展水平以及开发能力,因地制宜、区别对待。经济比较发达的大城市,应结合城市改造,适度开发利用地下空间。例如,应当结合交通设施的建设,适当多发展一些地下交通工程,以改善城市交通条件;在城市中心地区可适当建设地下公共设施,以缓解地上利用的拥挤程度,改善环境,促进城市经济的发展。在新建城市或新开发的城市经济特区,应当对地上和地下空间的开发统一规划,同步进行,使浅层地下空间得到充分利用,以最少的土地换取最大的综合效益。在城市新建居住区或改造旧区,应考虑地下空间的开发利用,将按规定修建的人防工程与地面配套设施适当结合,根据功能需要统一规划。

如果是经济尚不发达、目前开发地下空间紧迫程度不大的中小城市,在近期应以提高城市空间容量为主,少量开发地下空间,并制定地面与地下空间综合开发的远景规划。

2.我国城市地下空间的发展区域和重点

根据以上对我国城市地下空间开发利用问题的总结,可以大致划出我国地下空间的发展区域和重点。

(1)城市地下空间的发展区域

以道路为界线,按开发深度至100m,作大致的区域划分,如表4-2所示。

城市地下空间的发展区域　　表4-2

深度 区域	10m以内	10~30m	30~100m
道路以下	地铁、人行道、停车库、商业街、共同沟等	地铁、车行公路、停车库、供水隧道、输气管道等	变电站、水处理厂等
道路以外	地铁、商业街、办公室、停车库、变电站、住宅等	地铁、车行公路、停车库、泵站、变电站等	变电站、水处理厂等

(2)当前发展的重点

地下空间首先应大力开发地下交通,地面一旦修成道路,其上部空间就难以发展了,所以优先发展地下铁道、地下公路、地下停车场等交通设施是很合理的。

3. 城市地下空间发展预测

1)城市地下空间开发的需求和条件

(1)城市开发的客观需求

城市的发展总是面临着一个难以解决的问题,即发展与环境的矛盾。城市发展需要占用地皮,但建筑、道路等设施占地面积多了就会影响环境。这就需要充分利用地下空间来缓解用地紧张的局面,在如何利用地下空间的问题上,就产生了两种发展模式:正反馈和负反馈模式(图 4-7)。

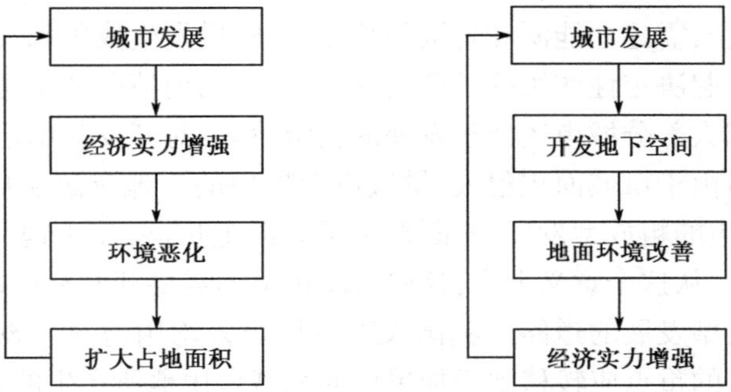

a)负反馈模式　　b)正反馈模式

图 4-7　城市发展的两种模式

正反馈模式:通过开发地下空间使得地面环境得到改善,经济实力就会大大增强,又可以扩大地下空间开发的规模,是一种良性发展模式。因此,要消除城市负反馈发展模式的弊端,就必须在城市发展的过程中采用正反馈模式,即发展地下空间。

负反馈模式:为了追求好的环境,市区人口开始迁往郊区,就必然又要占地。从占地开始又到新一轮更大的占地开始,每轮占地都蕴藏着环境劣化的因素,从而形成不良循环,这就是负反馈模式。

城市地下空间的开发利用不是孤立或偶然的现象,而是城市发展到一定阶段的产物,受城市发展的客观规律所支配,同时也受世界整体形势变化以及各国在地理位置和经济条件上的差异的影响。尽管各国各地区各城市在地下空间利用上千差万别,但有一个共同经验,即只有当城市在发展过程中出现了对地下空间的需求、城市又具备了开发地下的能力和条件时,开发地下空间才是合理的。一般来说,当出现以下几种情况时,可认为是出现了对地下空间开发的客观需求:

①城市发展用地严重不足,地面空间容量接近饱和、容积率过高;建筑密度过大,高层建筑,导致绿化率过低和环境恶化。在这种情况下,开发利用地下空间可以在不增加地面用地的情况下扩大空间容量,使城市环境得到一定程度的改善。

②城市交通矛盾非常严重,经常发生大面积、长时间交通堵塞,单纯靠在地面上增加路网和拓宽街道已不能疏导过大的车流量。此时,只有通过修建地铁、地下高速路和地下步行街来缓解地面交通矛盾。据国外经验,当一条城市干道上的单向客流量超过 4 万 ~6 万人/h,就有必要建地铁;当一条街道上的行人流量超过 2 万人/h,建地下步行街就是合理的。此外,当地面上已没有多余的土地建造停车场时,地下停车场可以满足大量停车的需要。

③单纯的地下交通设施需要大量资金,难以取得较高的经济收益,因此在地下交通沿线,

尤其是在大站和线路交汇的节点，就产生了开发地下商业的吸引力。由于交通与商业的互动作用，可以产生很高的经济效益，既可在一定程度上弥补地下交通设施经济效益的不足，又可以与地面上的商业形成互补，使城市更加繁荣。

④当城市受到战争或其他自然和人为灾害的威胁时，开发利用地下空间可以起到有效的综合防灾、减灾作用，有些作用是地面空间无法替代的。

⑤当城市处于不良的气候条件下，如严寒、酷暑、风沙、雨雪时，开发利用地下空间可以使很多城市活动摆脱不良气候的影响。

⑥为了城市的安全，需建立能源和物资的战略储备，供发生战争和灾害时使用。

以上六种需求中，起决定性作用的是前两种，即城市用地情况和交通矛盾问题。

从总体上看，我国大部分城市还处于发展的初级阶段，对开发利用地下空间的需求并不迫切，而对于一些大城市由于市域面积很大，供城市发展用的土地资源从局部来看并不短缺，这种情况助长了原有城市的粗放型发展，不断在水平方向上扩展，使土地利用效率很低，中心城市难以发挥集聚作用。从这个意义上说，这些大城市迫切需要开发利用地下空间，使城市空间呈三维式发展，走集约型发展的道路。我国大部分城市人均用地 $60 \sim 80m^2$，与发达国家有较大差距，因此发展城市的重点应转移到增加单位面积城市用地所产生的效益。

（2）开发地下空间应具备的条件

当以上一种或一种以上的需求已经出现，城市还需要具备一定的条件和能力，才可以合理地开发利用地下空间资源，一般有经济实力、地理位置、地质状况、灾害程度、技术能力、管理水平等几方面，其中最主要的是经济实力，地质状况也是重要条件之一。

我国城市由于历史和自然环境的不同，在经济、社会、文化等多方面的发展很不平衡，大体上可分为：东部沿海发达城市、中东部较发达城市、中西部欠发达城市三大类。而现阶段我国大多数中小型城市尚不具备大规模开发地下空间的经济能力，应当慎重。对于超大城市而言，城市建设和旧城改造都需要与地下空间的开发利用同步进行，经济上也具备了适度开发地下空间的实力。

2）我国城市地下空间的发展目标

地下空间的开发利用与城市发展是一致的，应与社会、经济的发展阶段和发展水平相适应，滞后和超前都会造成不良的后果。我国地下空间的初步发展大致分为 2000—2020 年和 2020—2050 年两个阶段，发展的目标为全面实现城市现代化。

（1）地下空间开发利用总目标

①充分发挥地下空间资源潜力，在不扩大或少扩大城市用地的前提下，提高土地三维空间的利用效率，拓展城市空间容量，加强城市中心地区的集聚作用。一般情况下，城市地下空间开发的建筑总量，应相当于城市地面建筑总量的 20% ~30%。

②完善城市功能、改善城市环境、保护传统风貌，实现地面、地上、地下三维空间的协调发展。旧城区的改造实行立体化再开发，新城区的建设从规划阶段就实行立体化开发，然后分期、分层实施。

③为水资源和传统能源的循环使用及新能源的开发提供有利条件，为建立循环经济和建设节约型社会做出贡献。

④充分利用地下空间的防灾特性、保障城市安全、减轻灾害损失，使城市基本上摆脱各种

灾害的威胁。

(2)地下空间分阶段发展目标

为与城市总体发展相适应,地下空间发展的总目标应分为两步实现:第一步,即2000—2020年,地下空间开发的目标应以扩大城市空间容量,缓解城市矛盾为主。第二步,即2020—2050年,在城市空间的理论容量与实际容量基本平衡、空间容量接近饱和时,地下空间开发的目标应向提高城市生活质量和改善环境质量转移。在50~100m的深层地下空间中,大规模建设城市基础设施,实现能源从开放型的自然循环到封闭式再循环的转变,同时适应常规能源渐趋枯竭和开发新能源的需要。

3)城市地下空间的需求预测

(1)地下空间需求量预测的方法

从图4-8可以看出,影响地下空间开发的主因是人口的规模,同时受环境、就业人口、工程技术等因素的制约,包含着诸多影响因素,且相互之间的关系复杂。

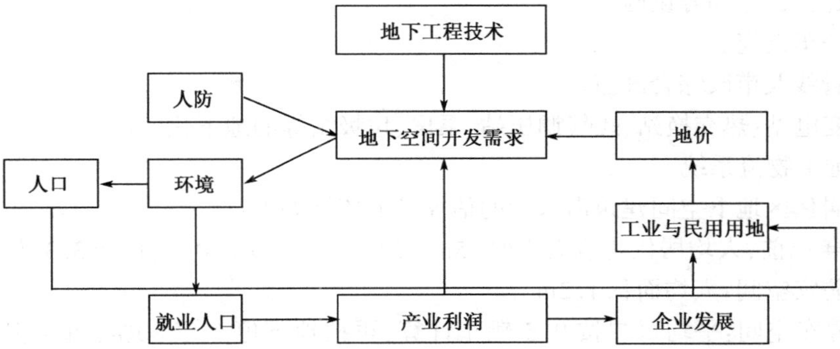

图4-8 城市地下空间需求预测模型

近年来,随着国内外对所谓生态城市研究的进展,对生态城市的评价提出了各种各样的方法,其中在我国应用较多的是单项和综合指标评价法。首先拟定生态城市若干评价指标及其标准取值,然后按式(4-1)计算出整个城市生态空间的需求量:

$$S_{总} = \left(CL + \frac{CA}{N} + RA + GL\right) \cdot \beta \cdot P$$

式中:$S_{总}$——城市生态空间需求总容量(m^2);

CL——城市人均建设用地指标(m^2/人);

CA——城市人均建筑面积指标(m^2/人);

N——容积率,指项目规划建设用地范围内全面面积与规划建设用地面积之比;

RA——城市人均道路面积指标(m^2/人);

GL——人均公共绿地指标(m^2/人);

P——规划城市建成区内从事第三产业的人口(人);

β——开发强度系数,对于不同发展阶段该系数值有所不同,可结合城市发展目标及近期、远期规划最终给定值($0<\beta<1$)。

根据近年来几个城市制定地下空间规划的经验,采用对地下空间利用的主体内容,选取合理的指标,进行分项预测,有些只进行适当的推算,仍有可能得到比较符合城市发展实际的结果。下面举例介绍这种分项预测方法。

(2)地下空间需求量预测示例

以某沿海城市为例,首先将地下空间需求量比较大的主体内容分为居住区、城市公共设施、城市广场和绿地、工业及仓储物流区、城市基础设施、防空防灾系统等几大项;然后根据各项不同的内容和特点,选取适当的系数和指标,再按历年的平均发展速度推算出规划期内的发展量;最后综合成地下空间在不同年份的需求量。下面重点针对居住区和城市公共设施,介绍推算过程及结果。

①居住区

居住区包括新建大型居住区、居住小区,以及整片拆除重建的危旧房改造区。居住区地下空间开发利用需求的主要内容如下:

a. 高层和多层建筑地下室,主要用于家庭防灾、储藏和安置设备、管线。

b. 区内公共建筑地下室和地下公共建筑,用于餐饮、会所、物业管理、社区活动等公共服务设施,以及防灾、仓储等设施。

c. 地下停车设施。

d. 地下管线及市政综合廊道。

e. 区内变电站、热交换站、燃气调压站、泵房、垃圾站等的地下化。

f. 区内地下物流系统。

该城市居住区地下空间建筑需求量的估算基准依据如下:

a. 2010 年以前,人均居住建筑面积取 25m^2,2020 年以前取 30m^2,户均 3.3 人。

b. 地下防灾空间:人均面积 1.2m^2。

c. 地下停车空间:平均每户按 0.5 辆车计算,再按地下停车率 80%,每车占用建筑面积 35m^2,则每户平均地下停车空间面积为 14m^2。

d. 居住区公共建筑按建筑量的 15% 比例配套,按建筑规模的 20% 比例建设地下室。

e. 每 100 万 m^2 居住建筑面积,按 2010 年以前建设标准可容纳居住人口 4 万人,按 2020 年以前建设标准,可容纳居住人口 3.3 万人。

根据上述标准,每 100 万 m^2 新建居住建筑的地下空间总需求量为:2010 年以前为 26 万 m^2,2020 年以前为 19.64 万 m^2,分别相当于地面住房建筑规模的 26% 和 19.64%。

采用以下两种方法估算城市地下空间需求量:

a. 第一种方法——按居住区新增建筑量估算。

根据该城市住房发展研究报告的预测数据,从 2006—2010 年,该市住房建设规模为 2291.05 万 m^2,年平均增长率为 8.5%;如果按此标准推算,2010—2020 年住房建设规模应为 5327 万 m^2。

因此,居住区地下建筑建设规模应为:2006—2010 年,地下建筑建设规模为 $2291 \times 0.26 = 595$ 万 m^2;2011—2020 年,地下建筑建设规模为 $5327 \times 0.196 = 1046$ 万 m^2。

b. 第二种方法——按人口增长规模估算。

根据统计,2005 年末全市人口约 96 万;2010 年全市总人口为 270 万人,其中城市人口为 210 万人。到 2020 年,估计全市人口将达到 330 万人,其中城市人口规模为 290 万人,于是:2006—2010 年,城镇人口增加量为 $210 - 96 = 104$ 万人;2011—2020 年,城镇人口增加量为 $290 - 210 = 80$ 万人。

根据人口增长量，城市居住区地下建筑建设规模应为：2006—2010 年，地下建筑建设规模为 104 万人 ×25m^2/人 ×0.292 =759 万 m^2；2010—2020 年，地下建筑建设规模为 80 万人 ×30m^2/人 ×0.236 =566 万 m^2。

按以上两种方法推算的结果，从 2006—2010 年居住区地下建筑建设规模为 600 万 m^2 ~760 万 m^2；从 2011—2020 年建设规模为 560 万 ~1050 万 m^2。总计，从 2006—2020 年总需求量为 1160 万 ~1800 万 m^2。

②城市公共设施

第一种方法，根据统计年鉴中有关竣工数据比例估算，可得到 2006—2020 年公共设施地下空间建设需求量，如表 4-3 所示。

2006—2020 年公共设施地下空间发展规模 表 4-3

公共设施用地类型	预测建设比例 Z	平均容积率 R	地下与地上建筑比例 L	地下建筑规模(万 m^2)		
				2006—2010 年	2011—2020 年	合计
行政办公 C1	40%	1.8	0.1	104.4	208.8	313.2
商业金融 C2	7.1%	2.2	0.15	34	68	102
文化娱乐 C3	10%	1.2	0.2	34.8	69.6	104.4
体育 C4	5%	0.5	0.1	3.6	7.2	10.9
医疗卫生 C5	5%	1.8	0.1	13.5	27	40.5
教育科研 C6	22%	0.4	0.1	11.8	23.6	35.4
文化古迹及其他 C7、C9	10.9%	—	—	—	—	—
总计	100%			202.1	404.2	606.3

第二种方法，根据城市公共设施用地发展规模估算。

由于缺乏公共设施工地现状的统计数据，假设现状公共设施用地之间的比例与公共设施新增用地类型之间的比例基本接近，采用各类公共设施新增用地的规模比例分别计算，然后得到 2006—2020 年公共设施地下空间建设需求量，如表 4-4 所示。

城市相关公共设施用地地下建设需求量估算表 表 4-4

公共设施用地类型 (1)	建设用地增加量 (万 m^2) (2)		容积率 R (3)	地下与地上建筑比例 L (4)	地下建筑规模(万 m^2)		
					2006—2010 年 (5) = (2) × (3) × (4) ×1/3	2011—2020 年 (6) = (2) × (3) × (4) ×2/3	合计
行政办公 C1	室内	163.66	2.0	0.1	10.91	21.82	32.73
	郊区	176.24	1.6	0.1	3.40	6.80	28.20
	合计	339.9			14.31	28.62	60.93
商业金融 C2	室内	419.07	2.2	0.15	46.10	92.20	138.30
	郊区	1033.14	1.8	0.15	92.98	185.97	278.95
	合计	1452			139.08	278.17	417.25
文化娱乐 C3	室内	80.34	1.1	0.2	6.43	12.85	19.28
	郊区	166.86	0.5	0.2	12.24	24.47	26.71
	合计	247.2			18.67	37.32	55.99

续上表

公共设施用地类型 (1)		建设用地增加量 ($万 m^2$) (2)	容积率 R (3)	地下与地上建筑比例 L (4)	地下建筑规模($万 m^2$) 2006—2010 年 (5) = (2) × (3) × (4) × 1/3	2011—2020 年 (6) = (2) × (3) × (4) × 2/3	合计
体育 C4	室内	21.33	0.5	0.3	1.07	2.13	3.20
	郊区	194.97	1.8	0.1	3.25	6.50	9.75
	合计	216.3			4.32	8.63	12.95
医疗卫生 C5	室内	23.18	1.5	0.1	1.39	2.78	4.17
	郊区	38.62	0.4	0.1	1.93	3.86	5.79
	合计	61.8			3.32	6.64	9.86
教育科研 C6	室内	143.72	0.4	0.1	1.92	3.83	5.75
	郊区	628.78	0.4	0.1	8.38	16.77	25.15
	合计	772.5			10.30	20.60	30.90
总计	室内	465			67.82	135.64	203.46
	郊区	2635			122.18	244.36	366.54
	合计	3090			190	380	570

以上两种算法的估算值基本接近，城市公用设施地下建筑在 2006—2010 年的需求量为 190 万 ~ 200 万 m^2，2011—2020 年的需求量为 380 万 ~ 400 万 m^2，到 2020 年总的需求量为 570 万 ~ 600 万 m^2。

对于其他分项采用同样方法推算，将结果汇总于表 4-5。

城市地下空间需求量预测汇总表(单位：万 m^2) 表 4-5

序号	项目	需求量 2010 年		需求量 2020 年		备注
1	居住区	600 ~ 760	室内 127 ~ 160	560 ~ 1050(以室内为主)		新增、不含现状
			郊区 468 ~ 540			
2	城市公共设施	190 ~ 200	室内 68 ~ 70	390 ~ 400	室内 136 ~ 140	新增、不含现状
			郊区 122 ~ 130		郊区 244 ~ 260	
3	城市大型公共绿地	150		300		
4	工业区	45	室内 0	0	室内 0	
			郊区 45		郊区 90	
5	物流仓储区	50		100		
6	轨道交通地下段			16.8		
7	地下公共停车	8.7	室内 6.7	39	室内 18	含现状
			郊区 2		郊区 21	
8	市政管线综合廊道系统	340				干线长 30km，支线长 70km

续上表

<table>
<tr><th rowspan="2">序号</th><th rowspan="2" colspan="2">项　　目</th><th colspan="3">需　求　量</th><th rowspan="2">备　　注</th></tr>
<tr><th>2010 年</th><th colspan="2">2020 年</th></tr>
<tr><td rowspan="2">9</td><td rowspan="2" colspan="2">地下快速路</td><td rowspan="2">240</td><td rowspan="2">104</td><td>室内 83</td><td rowspan="2">新增、不含现状</td></tr>
<tr><td>郊区 21</td></tr>
<tr><td>10</td><td colspan="2">防空防灾系统</td><td colspan="3">100</td><td>新增、不含现状</td></tr>
<tr><td>11</td><td colspan="2">各类地下储库</td><td colspan="3">100</td><td>新增</td></tr>
<tr><td rowspan="2">12</td><td rowspan="2">总计</td><td>土层中</td><td>1040 ~ 1100</td><td colspan="2">1450 ~ 1950</td><td></td></tr>
<tr><td>岩层中</td><td colspan="3">680</td><td></td></tr>
</table>

通过预测，可以得出本市地区 2010 年地下空间需求量为 1040 万 m^2 左右，2020 年为 1500 万 m^2 左右，大体相当于 2010 年建筑总量的 10% 和 2020 年的 20%，与规划发展目标提出的指标基本相符。

三、地下建筑规划原则

在城市地下空间规划中，有三个理论原则。

1. 疏导与对应原则

(1)地下空间开发的首要任务是疏导地面以上空间的矛盾(以交通问题为主)。

(2)在满足首要任务需要的前提下，尽可能与地面对应地发展商业等设施；在发展地下商业等第三产业设施时，应强调发挥土地的集聚效应。

2. 集聚原则

土地开发的理想循环应是在空间容量协调的前提下，土地价格上升吸引人力、财力的集中，人力、财力集中又再次使得土地价格上升……这种良性循环下，是自觉或不自觉强调集聚原则的结果。在城市中心区发展与地面对应的地下空间，用于相应的用途功能，与地面、上部空间产生更大集聚效应，创造更多的综合效益，就是“集聚原则”的内涵。

3. 等高线原则

根据城市土地价值的高低可以绘出城市土地价值等高线，一般而言，土地价值高的地区的城市功能多为商业服务和娱乐办公等，地面建筑多、交通压力大，经济也最发达。根据城市土地价值等高线图，可以找到地下空间开发的起始点以及今后的发展方向。无疑，起始点应是土地价值的最高点，这里土地价格高、城市病容易出现，地下空间一旦开发，经济、社会和防灾效益都是最高的。地下空间的发展方向沿等高线方向发展，这一方向上土地价值衰减慢、发展潜力大，沿此方向开发利用地下空间，既可避免地下空间开发过于集中、孤立的问题，又有利于有效地发挥滚动效益。

开发地下空间是城市发展的新课题，首次开发是否成功，会在很大程度上影响未来发展。如果顺利，可能在一段时间内统一开发地下空间的认识并蓬勃发展起来；但如果首期失败，则可能使城市地下空间大规模开发的时间大大滞后，所以，地下空间开发的时间和位置选择非常重要。

第三节　典型地下工程的规划设计

一、城市地下铁道的规划设计

下面从路网规划、路网形态、车站、隧道等方面,对地下轨道交通的主要形式——地铁进行简要的介绍。

1. 地铁路网规划的内容及原则

地铁是城市建设的重要组成部分,其路网规划应满足城市交通及城市远景发展的要求。因此,地铁路网规划是一项涉及全局性、综合性很强的工作,应将其纳入城市发展的总体规划之中。

规划内容主要包括:修建地铁的必要性与依据,线路的规模、走向和形式,车站的间距、类型和埋深,路网中各条线路的设计要求等。

地铁路网的规划应根据城市结构特点、人口流动状态、交通现状和未来需求、社会经济条件等因素来因地制宜地进行路网的整体规划,然后再分阶段进行路网中各条线路的设计。根据以往经验,路网规划应遵循以下主要原则:

(1)地铁线路的基本走向必须满足城市交通需要,应充分利用城市已有的地面交通道路网。因此,路网应贯穿城市中心和人口密集区域、城市的重要枢纽、汽车站和火车站等重要设施,这样有利于人口集散,有利于解决地上、地下旅客换乘,地铁车站一般以750m为吸引半径。地铁两平行网线的间距最好不小于800m,且不大于1600m。

(2)地铁规划应同一定规模的地下建筑相连接,如地下街、下沉式广场、地下停车场、防护疏散通道等。

(3)地铁建设中必须周密考虑车站的位置及形式、设备布置、埋深与施工方法,考虑穿越山、河等特殊地段以及与城市其他地下建筑和管线布置的关系。

(4)线路规划应从地区财政、技术水平、地质条件、施工能力的实际出发,尽量减少由于地铁施工引起的拆迁工作和对交通的影响,应充分考虑到施工中可能遇到的各种困难。

(5)由于地铁主要位于地下,具有良好的防护能力,因而应考虑到其防护防灾效果及其在应急状态下的运输、疏散及与其他防灾单元的联系。

2. 地铁路网的形态

地铁路网的基本形式有单线单环式、多线式、放射式、棋盘式。每条地铁线路是由区间隧道(地面上为地面线路或高架线路)、车站及附属建筑物组成。每种路网模式有它适应的环境条件。

(1)单线单环式

单线单环式适用于人口不多,对运输量要求不高的中小城市。单环式路网将线路封闭成环,可以减少机车往返。单线式路网不能疏散和吸引人流,当客流量较大时,容易造成线路运输能力不足。

(2)放射式

放射式又称辐射式,是将单线式地铁网汇集成一个或多个中心,通过换乘站从一条线换乘到另一条线的形式。放射状路网的缺点是线路之间换乘不方便,增加了中心换乘站的运输压力。为了解决这一问题,在放射式路网的基础上建设一些环线,就形成了蛛网式路网。放射式路网(波士顿地铁)如图 4-9 所示。

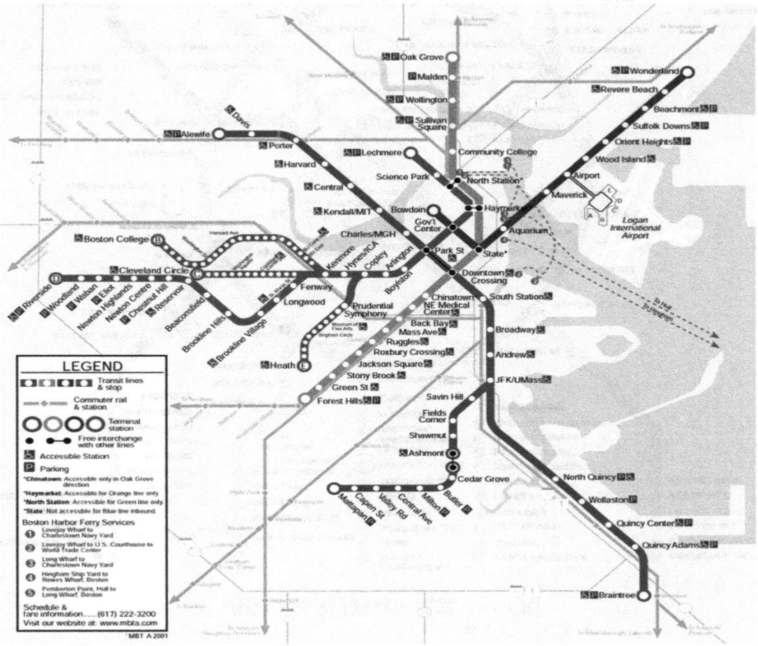

图 4-9 放射式路网(波士顿地铁)

(3)蛛网式

蛛网式由放射式和环式组成,运输能力大,是很多城市地铁建造的形式。蛛网式地铁通常不是一期完成,而是先完成单线或单环,然后完成直线段。蛛网式路网(莫斯科地铁)如图 4-10 所示。

(4)棋盘式

棋盘式路网由数条纵横交错的线路组成,大多与城市道路走向相同。此路网的特点是客流量分散,增加换乘次数,车站设备复杂。棋盘式路网(北京地铁)如图 4-11 所示。

3. 地铁车站的设计

地铁车站是供乘客上下车和换乘、候车的场所,一般包括乘客使用、运营管理、技术设备和生活辅助四大部分。供乘客使用的部分主要有地面出入口、地下中间站厅、售票处、检票口、站台、楼梯和自动扶梯等。

地铁车站的设计,应保证乘客使用安全、方便,并具有良好的内部和外部环境条件。其总体设计应妥善处理与城市规划、城市公共交通、地面建筑、地下管线、地下构筑物之间的关系。车站的形式、规模、装修标准,应根据预测的长远客流量大小、所处位置的重要性以及长远发展规划等因素来确定。车站建筑设计上应力求简洁、明快、大方,易于识别,体现城市特点。地铁车站设计中,还应充分利用地下、地上空间,实行综合开发,也要考虑到车站的防灾、抗灾等方面的要求。

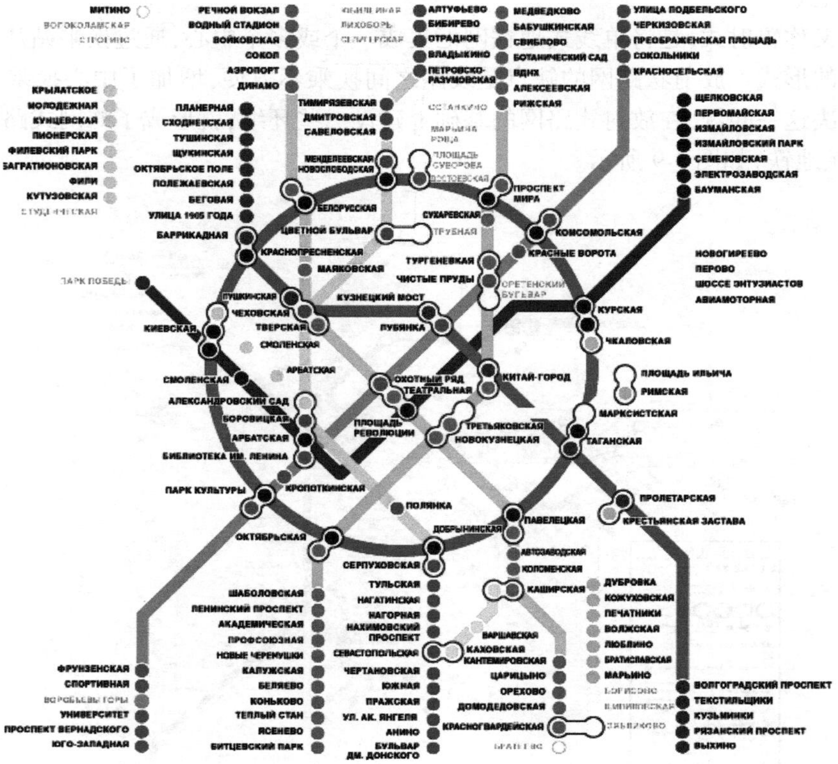

图 4-10　蛛网式路网(莫斯科地铁)

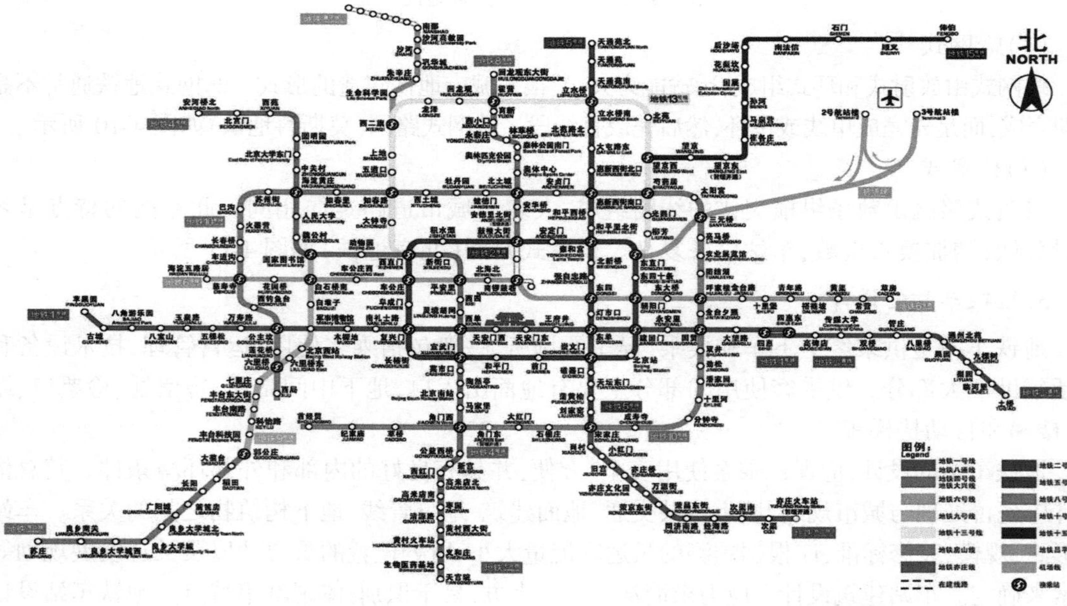

图 4-11　棋盘式路网(北京地铁)

地铁车站位置通常设在客流量较大的地方,如商业中心、地面交通枢纽等,以便能最大限度地吸引客流和方便乘客。为了换乘方便,地铁不同线路的交汇处必须设置车站。车站间的距离应根据具体情况确定。站间距离太短会降低运营效率,增大耗能和配车数量,增加工程投资;站间距离太长则对乘客不方便,增大车站负荷。因此,在市区、人口稠密、人流集散点多的区域,车站可设置的密些,站间距离短些;在郊区、建筑稀疏、人流集散点少的区域,站间距离可以大一些。如表4-6所示,我国已有地铁线路打的站间距离,市区多为1km左右,郊区不大于2km。

我国已建地铁部分线路站间距离　　表4-6

城　市	级　别	线路运营长度(km)	车　站　数	平均站间距离(m)
北京	一级西段	16.87	12	1534
	环线	23.01	18	1278
天津	一期工程	7.4	7	1100
上海	一期工程	15.67	13	1306
广州	一线	17.97	16	1198

站台是地铁车站最主要的部分,是分散上下车人流、供乘客等待乘车的场地。世界各地车站断面类型各异,但站台形式按其与正线之间的位置关系可分为:岛式站台、侧式站台和岛侧混合式站台。

岛式站台,如图4-12a)所示,适用于规模较大的车站,如始终站、换乘站等。这种方式上下行车线共用一个站台,可起到分配和调节客流的作用,对于乘客需要中途折返比较方便。我国地铁车站多采用岛式站台,其他国家的一些城市,如东京、莫斯科、首尔等采用岛式站台的车站也很多。

侧式站台,如图4-12b)所示,适用于规模较小的车站,不同方向的两条正线,分别使用各自的站台,上、下行的乘客可避免互相干扰。我国天津、法国巴黎、英国伦敦等城市采用侧式站台。

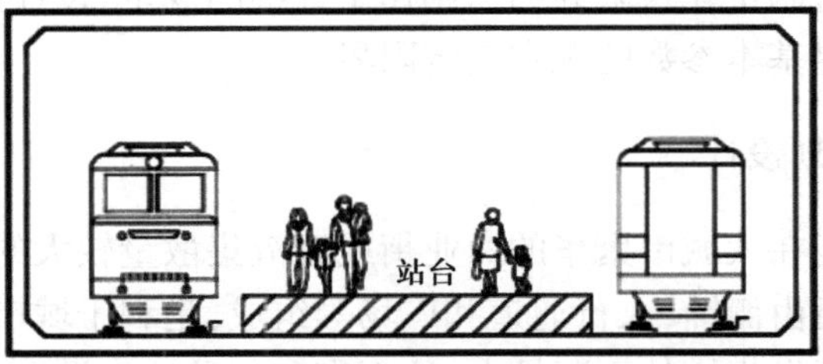

a)岛式站台

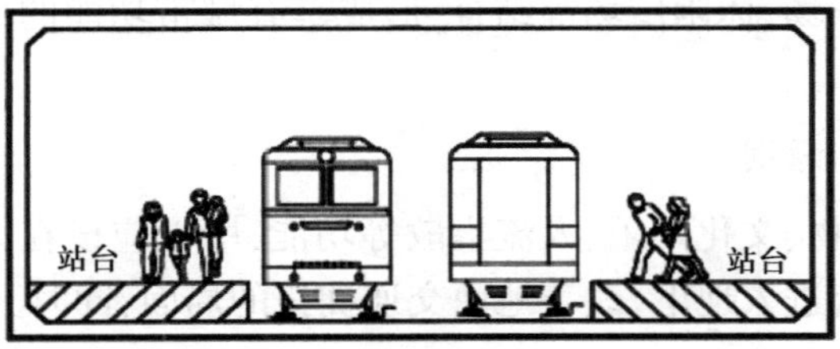

b)侧式站台

图4-12　岛式站台与侧式站台

站台的尺寸设计包括站台的长度、宽度和高度，这需要和本站的客流量、位置以及功能相协调，而且要为一定时期内的发展留有足够的余地。站台的长度是站台设计、布置中最重要的因素。

站厅是地铁车站用于售票、检票、布置部分设备房间的场所，其布置方式与售票、检票方式有关，应使付费区与非付费区有明显交界处，形成不同的功能分区。站厅布置形式一般可分为分离式、贯通式、分区式站厅，站厅也有与地下商业街连通在一起布置的，宽敞的站厅实际上成为多功能的地下人行过街通道。

地铁车站出入口的主要作用在于吸引和疏散客流，它与所服务的半径范围内的居民人口数量有密切关系，因此，要在居民出行方式调查的基础上，确定有可能使用地铁的人口比例。出入口的总设计客流量，应该按该站远期超高峰每小时的客流量乘以 1.1 ~ 1.25 的不均匀系数来计算。车站出入口的位置，最好选择在沿线主要街道的交叉路口或广场附近，尽量扩大服务半径。一个车站出入口的数量，要根据道路环境情况和客运疏散要求来确定，最低不得少于 2 个，且在道路两侧都应设有出入口。如果车站位于街道的十字路口且客流量较大，出入口数量以 4 个为宜，布置在交叉路口的四角，这样利于乘客从不同方向进出地铁。

4. 地铁区间隧道的设计

地铁区间隧道内主要是列车运行及安全检查用的各类设施，如轨道、通信及信号电缆、排水沟、照明、通风设备等，情况比地铁车站相对简单。

地铁区间隧道一般位于道路下方，与道路走向大体一致。隧道的竖向纵剖面一般不是水平的，而是车站处高、中间部位相对低一些，这样设计是出于节能的要求：车站处高，在列车出站时是下坡，易于加速；而当列车进站时，因是上坡而易于刹车。

区间隧道断面的大小与地铁的限界有关。限界是确定地铁与行车有关的构筑物净空大小和各种设备相互位置的依据。限界应根据车辆的轮廓尺寸和性能、线路特性、设备安装以及施工方法等因素，经技术经济比较综合分析确定。地铁的限界分为车辆限界、设备限界、建筑限界。我国地铁设计规范对制定建筑限界的原则作了详细的规定，设计制定限界时，必须按照车辆的基本参数表以及限界基本参数的规定制定限界。

二、地下商业街的规划设计

地下商业街是指修建在大城市繁华的商业街或客流集散量较大的车站广场下的综合性地下建筑。城市地下商业街由商铺、人行通道和广场等组成，是利于城市可持续发展的重要组成部分。伴随着地下空间开发规模的不断扩大，地下街和各种地下设置可以一同综合考虑，如将地铁、市政管线廊道、停车场、休闲广场等结合，形成具有城市功能的大小综合体，是地下城的雏形。

1. 地下商业街的规划原则

地下街具有交通、购物、文化娱乐、人流集散等功能，所以应设在人流量大、交通繁忙的地下。这样才能起到使人流进入地下、改善地面交通拥挤的局面，同时又能满足人们购物和文化娱乐的要求。

(1)地下商业街的建设必须与城市的开发建设同步进行，纳入城市地下空间利用的总体规划。地下街的规划是城市规划的补充,应与城市总体规划相结合。

(2)地下街规划应考虑人、车流量和交通道路状况。

在拟建地下街时,首先要明确其功能,并相应确定各组成部分的合理比例,特别是要与城市地下交通设施、公用设施等一起考虑。地下街规划应考虑高峰期的人、车流量情况。

(3)地下街规划要考虑未来发展成地下综合体的可能性。

由建设经验可知,地下街的扩建是必然的,如果规划不合理会使地下街变得十分不规整,内部通道系统也比较复杂,容易造成火灾隐患,给地下设施的管理和未来的扩建造成麻烦。

2. 地下商业街的组成与设计

地下商业街包括的内容较多,由不同功能的地下建筑组合在一起,一般由以下几个部分组成:

(1)地下步行道系统。包括出入口、连接通道、广场、步行通道、垂直交通设施、过街地道等。

(2)地下商业系统。如商场、文化娱乐设施、餐饮服务设施等,可按其使用功能性质进行设计。

(3)地下机动车运行及存放系统。地下街常配置地下停车场及地下快速路,使地面车辆由通道转入快速路后可通过,也可停放在车库内。快速路和步行道不宜设在同一层。

(4)内部设备系统。包括通风、空调、变配电、供水、排水等设备用房和中央防灾控制室、备用水源、电源用房。

(5)辅助用房。包括仓库、卫生间、管理、办公、休息、接待等房间。

地下街中各组成部分的面积所占比例与使用性质有关,表4-7为日本部分地下街的统计。

地下街中各组成部分的面积比例　　表4-7

地下街名称		总建筑面积	营业面积		交通面积		辅助面积
			商店	休息厅	水平	垂直	
东京八重洲地下街	面积(m^2)	35584	18352	1145	11029	1732	3326
	比例(%)	100	51.6	3.2	31.0	4.9	9.3
大阪虹之町地下街	面积(m^2)	29480	14160	1368	8840	1008	4104
	比例(%)	100	48.0	4.6	30.0	3.4	14.0
名古屋中央公园地下街	面积(m^2)	20736	9308	256	8272	1260	1280
	比例(%)	100	45.7	1.3	40.6	6.1	6.3
东京歌舞伎町地下街	面积(m^2)	15637	6884	—	4114	504	4235
	比例(%)	100	44.0	—	25.7	3.2	27.1
横滨波塔地下街	面积(m^2)	19215	10303	140	6485	480	1087
	比例(%)	100	53.6	0.8	33.7	2.5	9.4

注:由清华大学童林旭教授统计分析。

地下商业街的平面布置有矩形、带形、圆形、棋盘式四种。矩形平面布置多用于大、中跨度的地下空间,设计时要注意长、宽、高的比例,避免层高过高或过低,造成空间浪费或给人以压抑感。带形平面布置形式跨度较大,设计时应根据功能要求及货柜特点综合考虑。圆形平面布置多用于大型商场或商业中心，四周设置商业街，中心为商场，其特点是充分体现商业功能，管理方便。棋盘式平面布置多用于综合型的地下商业街。

地下街的埋深一般较浅，常采用明挖法施工，结构形式一般有直墙拱形、矩形框架、梁板式结构三种，或者三种的组合。

地下街的环境设计指生理环境设计和心理环境设计两个方面。生理环境是指空气、视觉、听觉等环境；心理环境是指方便和安全感，以及商店布置是否合理、顾客是否舒适、有无休息场地、有无压抑感等。

三、地下停车场的规划设计

地下停车场大体由以下部分组成：停车位、通道、坡道、门房、设备间等。每种设施的数目和面积要因地制宜，辅助设施与停车位要分开安排，尽量少影响停车作业。

1. 地下停车场主体平面设计

一般以停放一台车平均需要的建筑面积作为衡量柱网是否合理的综合指标，并同时满足以下几点基本要求：

(1)根据停放车辆的类型和数量进行布局，要求具有一定的灵活性。

(2)保证一定的安全距离，避免遮挡和碰撞。

(3)尽量充分利用面积。

(4)尽可能减少柱网尺寸，结构完整统一。

停车场的平面布置，主要是进行停车位、各种动线及各项设施的布置与规划。按使用要求，一般地下停车场平面布置分为通风设备区、车库区和办公区。地下停车场平面布置可按下列原则考虑：地下公共车库的使用面积按每辆车平均 20 ~ 40m^2 估算，辅助设备面积可按停车间的 10% ~ 25% 估算。停车间在总建筑面积中所占比例应达到一定值，对于专用车库占 65% ~ 75% 比较合适，对于公共车库占 75% ~ 85% 比较合适。某地下车库平面图如图 4-13 所示。

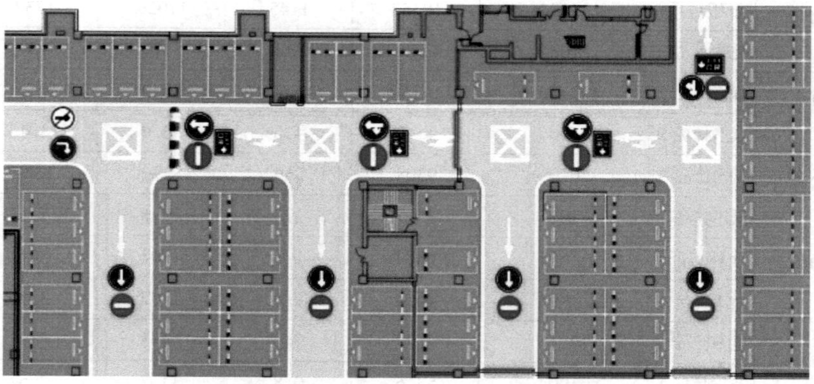

图 4-13　某地下车库平面图(来源于网页)

停车场类型确定后，停车位及通道坡道设计的最主要依据是所参考的基本车型。一个停车库不可能服务太多种车型，否则会影响车库建筑面积和空间使用效率，也不容易管理。因此，在设计时，一般要参考一种用于本车库的标准车型，该车型在尺寸和性能上具有一定的代表性。

2. 出入口和坡道的设置

地下车库出入口的数量和位置应满足《人民防空工程设计规范》(GB 50225—2005)和《汽车库、修车库、停车场设计防火规范》(GB 50067—2014)等的相关要求。出入口的位置要明显,使进出车方便、安全,不应设在宽度小于6m或坡度大于10%的道路上,且不宜设在交通量很大的公路旁,门口外应设有明显的标志牌。除小型地下车库(<25 辆)外,其他地下车库出入口应将进口与出口分开设置,并与地面车辆行驶方向一致。

坡道是地下停车场与地面或层间连接的通道。一般分为斜道坡道和螺旋坡道两种。车道坡道一般都规定在17%以下,特殊情况下可适当加大。斜道坡道在与出入口直接相连时,应尽可能采取缓坡。为了行驶平缓,最好在斜道两端3.6m范围内设置缓和曲线。螺旋坡道平面面积小、布置灵活,得到广泛应用。

3. 平面柱网

停车位的平面柱网尺寸主要考虑两方面:一是停车技术要求,二是结构设计要求。确定经济合理的柱网布置方案,是车库设计的主要内容之一。一般以停放一辆车平均需要的建筑面积作为衡量柱网是否合理的指标。柱网由跨度和柱距两个方向的尺寸所组成,柱距尺寸取决于两柱之间所停放的车型尺寸和车辆数目,停车面积随柱距增加而增加。目前地下停车场有向大柱距发展的趋势,但柱距的增加会增大柱子的截面尺寸,因此一般经济合理的柱距为能停放2~3台车。

4. 结构形式

地下停车场结构主要形式主要有两种,即矩形结构和拱形结构。矩形结构又分为梁板结构、无梁楼盖、幕式楼盖,侧墙通常为钢筋混凝土墙,大多为浅埋,适合明挖等施工方法。拱形结构又分为单跨、多跨、抛物线拱等多种类型,特点是占用空间大、节省材料、受力性能好、施工开挖土方量大、适合浅埋,但是相对矩形结构施工复杂、使用不够广泛。

5. 辅助设施、交通安全及防火

地下停车场的辅助设施包括修理设施、配电房、口部建筑物。地下车库车辆和人员往来频繁,存在一定的安全隐患,应采取措施防止交通事故的发生。例如,设立引导或制止车辆入库的明显文字或箭头标志以及内外互相联系的通信设备等。

地下停车场防火问题非常重要,良好的防火措施是为了防止和减少火灾对汽车、停车场的危害,以保障人员和财产的安全。

四、地下综合管廊的规划设计

地下综合管线廊道的优点是将各种地下管线系统集中在一个空间内(图4-14),容易维修和便于更换,因而能延长公用设施系统的使用寿命,同时保持道路免遭开挖性的破坏。地下综合管廊的使用寿命可长达100年,而传统模式的填埋只能维持15~20年。

《关于推进城市地下综合管廊建设的指导意见》(国办发〔2015〕61号)于2015年8月10日公布。其工作目标是,到2020年,建成一批具有国际先进水平的地下综合管廊并投入运营,反复开挖地面的"马路拉链"问题明显改善,管线安全水平和防灾抗灾能力明显提升,逐步消除主要街道蜘蛛网式架空线,城市地面景观明显好转。

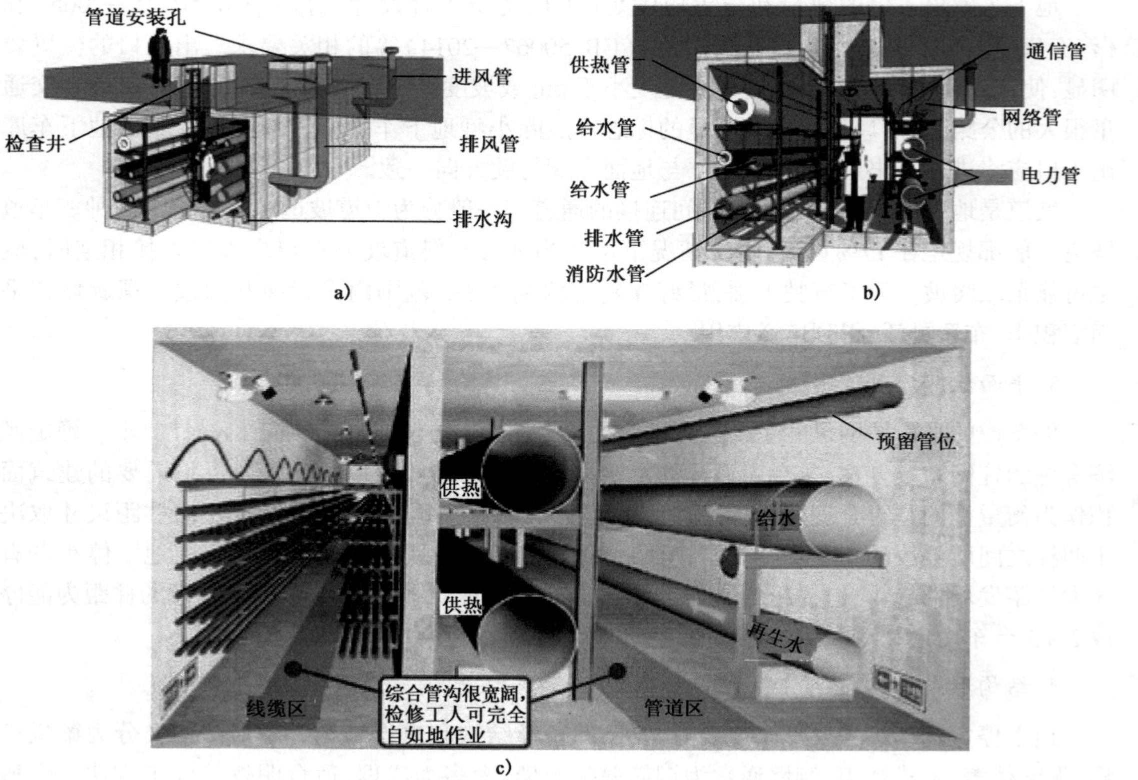

图4-14　地下综合管廊(来源于网页)

地下综合管线廊道对城市的现代化以及合理利用城市地下空间有着重要意义,有很大的发展潜力,因此只要具备必要的条件,就应认真研究和克服发展中的障碍。从日本经验来看主要有以下几个方面:首先,地下综合管线廊道的建设应与城市的发展密切结合起来;其次,应制订合理的投资政策;第三,应对廊道内部空间实行合理分配,严格按照技术要求敷设各种管线,以确保安全;第四,应充分发挥地下构筑物的防灾性能,在廊道结构方面加强抗震措施和防水措施,使之在发生灾害时能少受破坏。

1. 地下综合管廊设计基本原则

(1)地下综合管廊的规划要兼顾安全性、经济性和项目可行性。

(2)设计前需事先建立管线系统网络规划。

(3)对于旧城区改造工程,由于受限制较多,应考虑将网络系统化的管道统一规划、一并考虑、同步实施;而对新城区的开发,需优先规划地下综合管廊系统,分期分步实施完善。

(4)规划要从各专业角度进行考虑,前期做好对各相关专业的调查研究。

2. 地下综合管廊设计步骤

(1)基本资料的收集、分析。

(2)管线需求容量评估及近期、远期规划的研究。

(3)干、支线管廊断面的设计。

(4)平面线形设计。

(5)附属设备构筑物的设计。

(6)综合管廊的安全设计。

3. 地下综合管廊的管线收容原则

(1)电力与通信管线基本上可兼容于同一管廊空间内(同一舱),但需注意电磁感应干扰的问题。

(2)煤气管线如收容在综合管廊内,应以独立于一舱为设计原则。

(3)自来水管线与污水管线可收容于综合管廊同一舱内,上方为自来水管,下方为污水管线。

(4)综合管廊通常不收容雨水管线,除非雨水管线的纵坡与综合管廊的纵坡相同,或雨水渠道与综合管廊共同构造才考虑。一段可将污水管线与集尘管(垃圾管)收容于同一舱内。

(5)支线综合管廊是引导干线综合管廊内的管线至沿线服务用户的供给管道,因此支线综合管廊一般以共舱收容为原则,包括管线类及缆线类。

(6)电缆沟是一种小型支线综合管廊,仅收容电力、通信、有线电视及宽带网络系统缆线等,直接服务于沿线用户。

4. 综合管廊平面线形设计

地下综合管廊平面线形应与道路线形相一致,不得已时可作适当的调整。干线综合管廊原则上应设置于道路中央的下方,且与道路中心线的走向一致。干线综合管廊和邻近建筑物的间距应考虑施工时的安全距离,一般应大于2m。

支线综合管廊及电缆沟原则上设置于道路两侧的人行道下方,特殊部分可根据需要设在道路交叉口,通风口可设在分隔带上。

对于综合管廊的平面线形设计,应对道路现状、未来周边的发展规划情况以及相应管线单位未来发展的需求,做好正确充分的调查研究,以作为近期、远期设计方案的依据。

5. 综合管廊结构形式及断面尺寸设计

1)干线综合管廊的结构形式

(1)采用明挖覆盖法施工,其结构形式以矩形箱式为主。

(2)采用盾构法施工,其结构形式以圆形为主。

2)支线综合管廊的结构形式

支线综合管廊一般采用较为简单的矩形断面,尺寸较小。

3)综合管廊断面尺寸

综合管廊纵断面坡度,除了特殊部分外,一般纵坡坡度在0.2%以上。坡度斜率与平面最小弯度的曲率半径,均受收容管线架设及管线最小半径的影响。如因受地形限制,纵坡坡度超过15%时,应设阶梯及栏杆。

(1)干线综合管廊净高不宜小于2.1m,宽度根据收容管线的类型可采用单舱或多舱的设计,人行通道净宽不宜小于1m。

(2)支线综合管廊净高不宜小于1.9m,与其他地下构筑物交叉的局部区段净高不应小于1.4m。

(3)电缆沟不属于密闭空间的工作场所,埋深不宜过大,一般为1~1.5m,净宽为0.9~1.2m,其作业空间为30~70cm。

4)综合管廊的消防设计

地下综合管廊一旦发生火灾不易被发现,危险性大、损失严重,控制火势和扑救的难度大。

(1)燃气管线不宜与其他市政管线敷设于同一舱内。

(2)综合管廊设置防火分区对于控制火灾蔓延的意义重大。综合管廊内防火分区的最大间距应不大于200m,分区应设置防火墙、甲级防火门、阻火包等进行防火分隔。

(3)综合管廊内应设置报警系统,有效探测初期火灾,尽早发现火情。

(4)综合管廊内应设置防排烟系统,通风方式为自然通风与机械通风相结合,可将排风系统兼作火灾时的排烟系统。

(5)无须设置自动灭火系统,但应配置一定数量的移动式灭火器材。

第四节　地下工程结构设计简介

一、地下结构体系基本理论

地下结构和地面结构物,如房屋、桥梁、水坝等,都是一种结构体系,但两者之间在赋存环境、力学作用机理等方面存在着明显差异。地面结构体系一般是由基础支承上部结构,基础将上部结构荷载传递到地基土中,而荷载主要为自重和外部荷载(人群、风雪、设备等)。地下结构埋入地层、与四周土体紧密接触,结构承受的荷载来自于洞室开挖后引起周围地层变形产生的荷载;同时结构在荷载作用下发生的变形又受到地层的约束。在土体或岩体稳定性好的情况下,开挖的洞室甚至不设支护结构通过应力调整达到自身稳定,此时围岩本身就是承载结构。

由于地下结构周围的地层千差万别,洞室是否稳定不仅取决于岩石强度,还取决于岩层的完整程度。相比之下,岩体的完整性的影响更大。当岩层自稳能力强时,地下结构将不受或少受土压力的荷载;当岩层自稳能力差时,地下结构将承受较大的土压力荷载,甚至独立承受全部荷载作用。因此,周围地层既是荷载的来源,又是承载结构体系中的一部分。地下结构的安全性首先取决于地下结构周围的地层能否保持持续稳定,地下结构设计时应围绕如何充分发挥围岩的承载能力。这种赋存环境合二为一的作用机理与地面结构是完全不同的。

除在少数坚固、完整的稳定岩层中开挖洞室可以不设支护外,其他地下洞室的修建都需要支护结构,即衬砌。它是在坑道内部修建的永久性支护结构。因此,支护结构有两个基本使用要求:一是满足结构强度、刚度、耐久性的要求;二是提供一个能满足使用要求的工作环境,以保持隧道内部的干燥清洁。支护结构也是我们所要研究的地下结构物。有时,在衬砌内部还设有梁、板、柱等内部结构。所以地下结构包括衬砌结构和内部结构两部分,内部结构的设计计算与地面结构相同。地上结构与地下结构对比见表4-8。

地上结构与地下结构对比　　表 4-8

对比项	地上结构	地下结构
赋存环境	空气	地层
选址条件	地基承载力等	地应力、地质构造、水文地质等
荷载	自重、风荷载等，受力比较明确	自重、围岩应力场、土压力等，受力状态复杂
变形	以沉降变形、开裂为主	围岩应力作用下变形
与地层关系	地层承载结构	结构承载地层，与围岩形成共同体，并协调变形
防灾设计	以防火、防震为主	防潮、防水要求较高，有特殊照明和通风。本身具有一定的防灾能力
建造过程	一般模式为：设计→施工→交付使用	一般模式为：设计→施工及监测→信息反馈→修改设计→施工方案调整

二、地下支护结构基本类型

总体而言，支护结构有临时支护结构与永久支护结构，有单一支护结构和两种支护结构组成的复合支护结构。支护结构有两个最基本的要求：一是满足强度、刚度和耐久性要求，二是能满足使用要求的工作环境。按设计与施工要求地下支护结构有以下几种基本类型：

1. 现浇整体式混凝土衬砌

适用于矿山法施工，且围岩可以在短时间内稳定，也适用于明挖法施工的衬砌形式。采用模板现浇混凝土，衬砌表面整齐美观、施工速度快，质量容易控制。

这种结构大多由上部拱圈、两侧边墙和底部仰拱组成。其上部拱圈的轴线采用多心圆或半圆形，边墙可做成直边或曲边；当底部压力较大或有地下水时，应做成带仰拱的封闭式结构。拱形衬砌如图 4-15 所示。

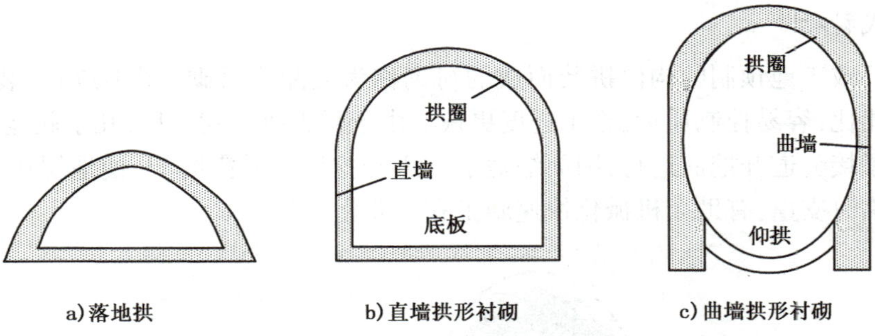

图 4-15　拱形衬砌

采用明挖法施工常用的结构形式是矩形框架，其内部根据使用目的设有梁、柱或中墙，将整体框架分成多跨或多层。施工时常用桩或墙支挡作为施工时的临时支护，它们也可作为地下结构墙体的一部分。

2. 锚喷支护

锚喷支护常用于矿山法施工，它可以在坑道开挖后及时施设，因此能有效限制硐室变形，保护作业人员安全。当围岩条件比较好时，用锚喷支护可以获得长期的稳定，并达到使用要求时，可以将其作为永久结构。也可以作为永久支护的一部分，与整体现浇的混凝土衬砌组成复合式衬砌。

锚喷支护是一种柔性结构,能更有效地利用围岩的自承能力维持硐室稳定,其受力性能一般优于整体式衬砌。

锚喷支护可以根据围岩的稳定情况有不同的组合形式,可由喷射混凝土、钢筋网喷射混凝土、锚杆挂钢筋网喷射混凝土、钢纤维喷混凝土等不同的组合形式构成衬砌。

3.复合式衬砌

复合式衬砌分两次修筑,外层为锚喷支护,以利于及时架设,尽快使围岩和初期支护达到基本稳定;内层通常为现浇整体式混凝土衬砌、喷混凝土或喷钢纤维混凝土衬砌、装配式衬砌等不同的形式。用喷混凝土作内衬的特点是与衬砌支护的结合状态好,但表面不光滑,还需再次处理。用装配式衬砌作内衬时,两层衬砌之间的空隙需压浆,英吉利海峡隧道的内衬就是这种结构。锚喷衬砌和复合式衬砌如图 4-16 所示。

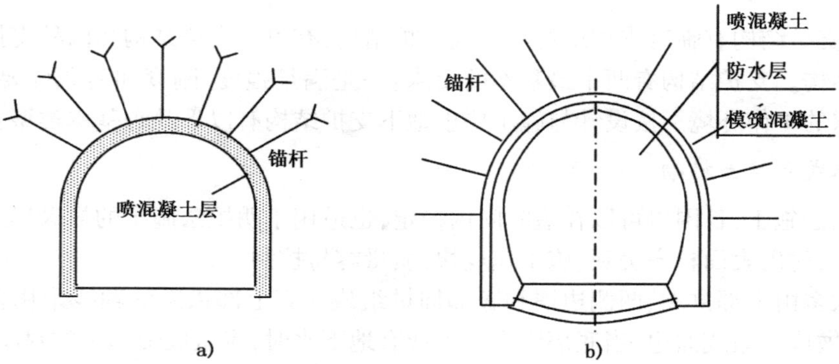

图 4-16 锚喷衬砌和复合式衬砌

4.装配式衬砌

用在工厂或工地预制的构件拼装而成的衬砌称为装配式衬砌(图 4-17)。装配式衬砌与整体式衬砌相比,容易控制质量,施工进度更快。由于衬砌拼装就位后,几乎就能立刻承重,拼装工作可以紧接隧道开挖面进行,因而缩短了坑道开挖后的暴露时间,使地层压力不致过大,而且不需用临时支撑,有助于机械化快速施工和工业化生产。

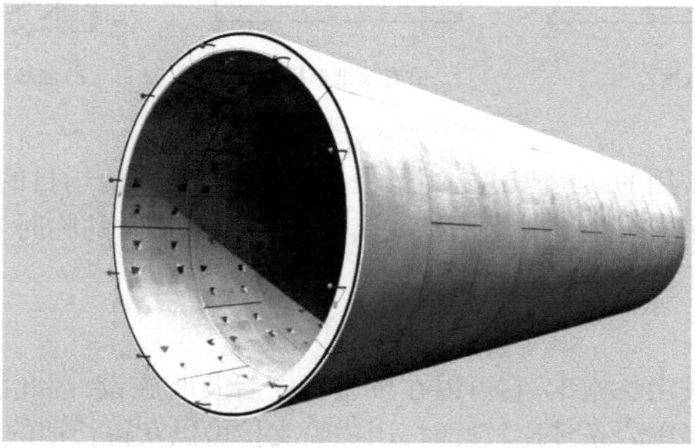

图 4-17 装配式衬砌

装配式衬砌的结构材料有混凝土、钢筋混凝土、铸铁、钢板和混凝土等。钢筋混凝土管片衬砌的构件形式，有箱形管片和板形管片。单线地下铁道的装配式管片衬砌环一般可分为6～8块；双线地下铁道可分为8～10块构件；小断面隧道可只分为4～6块构件。分块原则要考虑结构的柔性和防水要求，并根据管片的制作、运输和安装等方面的因素确定，使管片尺寸和拼装都达到高精度。拱顶处设置封顶管片。由于施工方便和受力需要，趋向于采用径向楔入或纵向插入式的封顶管片。

地层性质的这种差别不仅影响地下结构的选型，而且影响施工方法的选择。采用不同的施工方法同样是决定地下结构形式的重要因素之一。在使用要求及地质条件相同的情况下，施工方法的不同也会采用不同的结构形式。

三、地下结构的计算特性和设计方法

1. 地下结构的计算特性

地下工程所处的环境和受力条件与地面工程有很大不同，反映在计算模型中，大致可归纳成如下几点：

（1）必须充分认识地质环境对地下结构设计的影响

地下工程赋存的地质环境对支护结构设计有着决定性意义。地下工程的荷载取决于原岩应力，这种原岩应力很难预先准确确定，这使地下工程的计算精度受到影响。此外，地质力学参数很难通过测试手段准确获得，不仅不同地段差别很大，而且在开挖过程中地层中的应力状态也处于不断变化的过程中，这一过程很难简单的用一个力学模型来概括。这也使得地下工程的计算精度受到影响。因此对地下工程来说，只有正确认识地质环境对支护结构体系的影响，才能正确地进行设计。

（2）地下工程周围岩体既是荷载的来源，又是承载结构

作用在支护结构上的荷载除了与原岩应力有关外，还与地质体强度、支护的架设时间、支护形式、洞室尺寸与形状等因素有关，是由支护结构和周围岩体之间的相互作用决定的，并在很大程度上取决于周围岩体的稳定性。因此，充分发挥地质体自身的承载力是地下支护结构设计的一个根本出发点。

（3）地下结构施工因素会极大地影响结构体系的安全性

与地面结构不同，作用在支护结构上的荷载受到施工方法和施工时机的影响。某些情况下，即便支护方法正确，但由于施工方法和施工时机不恰当，支护仍然会遭受破坏。如矿山法的施工过程中，若开挖方法不当，会引起洞室周围岩体坍塌；若支护施加的时间过早，会造成结构内力过大；若支护施加的时间过晚，会造成围岩变形过大以至坍塌；若衬砌与围岩之间回填不及时或不密实而在衬砌背后形成空洞，也会降低结构后期的安全性。

（4）力学模型对地下工程计算的精度有着很大影响

地下工程支护结构设计的关键问题在于充分发挥围岩承载力，要做到这点就需要围岩在一定范围内进入塑性变形状态。但当岩土体进入塑性状态后，其本构关系很复杂，本构模型选用不当会影响到计算的精度。因此，在力学模型上，地下工程要比地面工程复杂得多。

2. 地下结构的设计方法

综上所述，地下结构的工程特性、设计原则及计算方法与地面结构不同。这些问题的存在

使得在地下结构设计时不仅要进行结构分析,严格来说还应包括施工方法和施工参数的选择。同时,在施工过程中,还要根据围岩的稳定情况对这些参数进行修正。所以,在进行地下结构设计时,应采用结构计算、经验判断和实地量测相结合的"信息化设计"方法。同时还要研究更完善的力学模型,以更好地考虑结构与围岩的相互作用,逐步减少信息化设计中的反馈修改工作量。

信息化施工方法的流程如图4-18所示。从图中可以看出,设计工作是从工程地质与水文地质勘探和室内试验开始,根据勘探和试验资料采用理论或经验方法进行预设计、选择施工方法。然后根据规范中所规定的安全条件进行对比,判断预设计的合理性,对预设计进行修改或改变施工方法。这种以地质调查、理论分析和经验判断相结合,监测、施工与设计相互交叉反馈的方法是非常符合地下工程特点的。

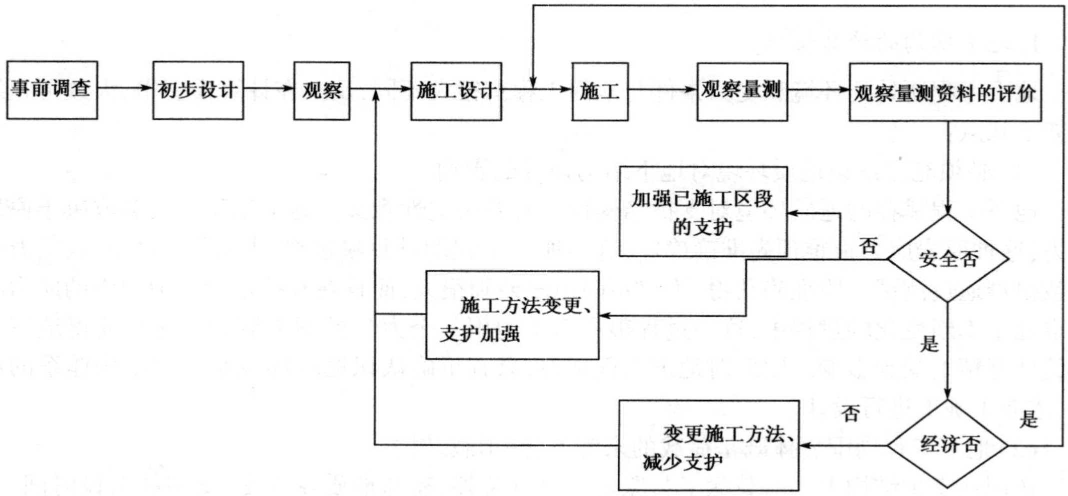

图4-18 信息化设计流程

四、地下结构设计的内容

由于地下结构的工作特征,在计算内力时,除了要考虑结构本身是超静定外,还应考虑到结构与围岩之间相互作用的非线性关系。这种关系使计算非常复杂,因而需要首先初步拟定截面尺寸。

1. 设计流程

(1)初步拟定截面尺寸

根据施工方法选定结构形式、布置方式及主要构件的尺寸。

(2)确定荷载

根据荷载规范和实际工作状态确定荷载组合;根据荷载和使用要求估算结构跨度、高度、裂缝控制标准、"三防"要求等。

(3)结构的稳定性验算

地下结构埋深较浅且处于地下水位线以下时,需要进行抗浮验算;对于敞开式结构要进行抗倾覆、抗滑验算。

(4)结构内力计算

选择与工作条件相适宜的计算模式和方法,得到结构各控制截面的内力。

(5)内力组合

在计算结构内力的基础上,对最不利的可能情况进行内力组合,求出各控制截面的最大设计内力值,并进行截面强度验算。

(6)配筋设计

通过截面强度和裂缝宽度的验算计算出受力钢筋的面积,并确定必要的构造钢筋。

(7)安全性评价

若结构的稳定性或截面强度不符合安全度的要求,需要重新拟定截面尺寸,并重复以上步骤,直至各截面均符合稳定性和强度的要求。

(8)绘制施工图

当然,并不是所有的地下结构设计都包括上述全部步骤,要根据具体情况进行取舍。

2. 衬砌截面尺寸的初步拟定

地下结构的衬砌截面应根据工程的使用要求(埋深、横断面几何尺寸等)、施工方法、地质情况等来确定断面形状和净空限界,据此进行隧道衬砌断面的初步拟定。

由于隧道衬砌是超静定结构,难以直接用力学方法计算出所有的截面尺寸,而必须先采用经验类比的方法,拟定衬砌结构尺寸。按照这个拟定的尺寸计算荷载作用下的截面内力并验算其强度。如果截面强度不足或截面尺寸过大,就要重新进行调整。初步拟定结构形状和尺寸需要考虑以下三个方面:

(1)衬砌的内轮廓必须符合地下建筑的使用要求和净空限界,同时要选择符合施工方法的断面形状。断面要平顺圆滑,最好设计成封闭式,因为封闭式结构具有最佳的抵抗变形能力。

(2)结构轴线应尽可能地重合在荷载作用下的压力线上。若两线重合,结构的各个截面只承受压力而无拉力,当然这是理想情况,实际中很难达到。一般情况下,尽量使结构轴线接近于压力线,使各个截面主要承受压力,从而充分发挥混凝土材料的特性。

(3)截面厚度是结构轴线确定后的重要设计内容。从设计的角度出发,截面的厚度要满足强度和刚度要求。从施工的角度出发,截面的厚度要满足最小厚度要求,太薄会使施工操作困难,且质量不易保证。由于地下结构的建设费用昂贵,隧道衬砌的费用往往要占整个工程费用的40%左右,故地下工程的衬砌结构应该根据“安全可靠、经济合理”的原则进行选择。

3. 结构计算内容

(1)横断面设计

在地下建筑中,很多结构纵向尺寸较大,而横断面尺寸相对较小且沿纵向相同,沿纵向在一定区段上的荷载也可认为是均匀不变的。此时,可以认为荷载主要由横断面承受、变形主要发生在短方向,即将空间问题简化成一个单位延米长的平面应变问题来进行分析。如图4-19所示,沿纵向取1m的长度作为计算单元,进行受力分析。

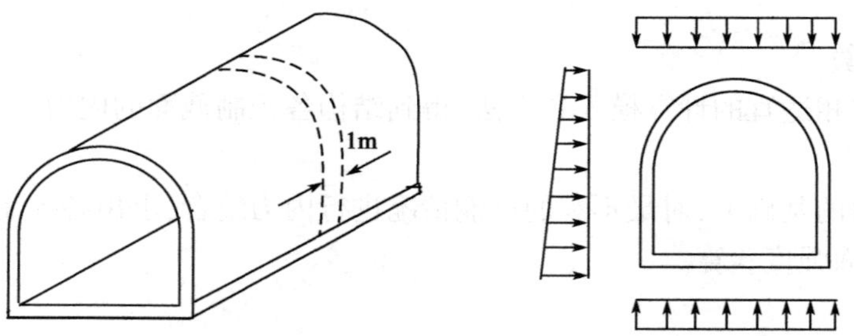

图 4-19　结构横断面计算简化(平面应变)

(2)隧道纵向的设计

横断面设计后,得到隧道横断面的尺寸及配筋,但沿隧道纵向的构造如何,是否需要配筋、是否需要分段,尤其是在软土地基情况下要考虑结构纵向的内力和沉降,这就是纵向设计问题。

工程实践表明,由于隧道纵向尺寸大,为了避免由于温度变化、混凝土不均匀收缩、地基不均匀沉降等原因引起的隧道开裂问题,需要沿着隧道纵向设置伸缩缝或沉降缝,统称变形缝。变形缝间的隧道区段,可视作弹性地基梁,按弹性地基梁的理论进行内力计算。从已发生的地下工程事故看,很多情况是由于纵向设计考虑不周而产生裂缝,故应加强这方面的研究,并在设计和施工中予以重视。

(3)出入口或交叉隧洞的设计

一般地下工程的出入口或隧道的交叉地段,结构规模不大但较复杂,如出入口、竖井、斜井、楼梯、防护门等与主隧道的连接部位,受力条件复杂,属于空间结构。若考虑不周,在使用时会出现各种裂缝,设计时要加以重视。

第五节　地下建筑的环境设计

地下空间是位于地表以下,在地层内部由长度、宽度、高度所给出的三维空间。地下空间与地面空间相比,具有稳定的温度和湿度环境、优越的抗灾防灾性能、节约能源和可持续发展等优点;同时也具有天然采光不足、可视性差、通风不佳、开发成本高、周期长、施工难度大等不足。但随着建筑技术革新、施工水平的提高,城市地下空间开发中的难题正在逐步得到解决,在开发城市地下空间时,对舒适性的要求更高,更加注重其环境和景观设计。

一、地下建筑环境设计中需要注意的问题

1. 生理和心理环境问题

地下建筑存在于地下,缺乏自然空间。它只存在建筑内部空间,缺乏人与大自然的“接触”。因此,地下空间具有相对单一封闭的环境特点,而由此产生的内部环境与地面环境也有所不同。地面环境中空气尘埃、交通噪声、雨雪以及温度变化的幅度等不利因素,在地下空间中的影响不大;而在地面环境中不太严重的问题,如一氧化碳浓度、菌类的含量、放射性物质的

含量、空气湿度和异臭、挥发性有机化合物的浓度等，对地下环境却有着非常严重的影响。

如果说地下空间环境对人体生理的影响是有形的，那么其对人的心理影响则是无形的。近几十年来，美国、日本及国内的一些专家学者对地下空间心理环境影响做了大量的调查研究，发现地下空间环境对人们心理的影响并不主要是物理环境差造成的。欧美不少发达国家地下空间内部环境标准比我国要高得多，却仍然存在不少心理环境问题，迄今为止仍没能得到很好的解决，以至于地下空间心理环境问题成了地下空间进一步开发利用的障碍。

2. 安全防火问题

在地下建筑中，火灾是一种最主要的内部灾害。对地下工程而言，可燃物、适当的通风和供养条件以及引起燃烧的火源构成了火灾的主要因素。火灾一旦发生，机械通风系统很容易发生故障，致使封闭的地下空间在火灾时难以保持正常的空气质量，加之封闭空间中物质的不充分燃烧，易造成浓烟且不易排出，浓烟是造成火灾中人员死亡的主要原因。而且地下工程一旦发生火灾更难进行及时、快速地施救，所以火灾的间接危害是容易引起人们的恐慌心理，降低人们的工作效率和生活质量。

3. 应急疏散问题

地下建筑处于封闭的环境中，只能通过有线的出入口与外界联系，因而在紧急情况发生时会导致人们疏散时间的加长。同时心理上的惊恐程度与混乱程度都要比地面建筑中严重得多；由于人员的疏散是自下而上垂直上行的，比一般建筑向下疏散要费力得多，不可避免地会降低疏散速度。此外，地下建筑中人员疏散的方向与内部的烟和热气流的自然流动的方向一致，也给疏散带来很大困难。

4. 个性特色问题

地下空间不仅仅是一个提供使用功能的空间，也是一个传播文化、展示历史、融合艺术的空间，也应具有与当地历史文化相匹配的个性特色。由于国内地下空间的开发利用还处于初级阶段，设计时往往更多地偏重于功能上的考虑；再由于工程造价、施工工期等各方面因素的考虑，景观、装饰等往往被人忽视，出现了很多地下工程的内部装修千篇一律、缺乏艺术美感、没有个性特色的现象。

二、地下建筑景观环境构成要素

1. 植物景观

植物是城市景观绿化环境的主体，包括多种乔木、灌木、花卉等。它是室内空间和室外空间联系的载体，具有划分和限定空间、暗示和引导空间、点缀和丰富空间的作用。植物的色彩缤纷艳丽，能有效地缓解地下空间给人以冰冷阴暗的心理感受。

在植物种类及品种的选择上应注意以下几个方面：

(1)适应当地自然气候以及地下建筑室内环境特点。

(2)观赏价值较高。

(3)与建筑空间及其使用功能和环境气氛相协调。

(4)易于栽培和维护管理。

里昂地铁车站的植物园如图4-20所示。

图4-20 里昂地铁车站的植物园

2. 山水景观

人工构筑的山水景观是地下空间景观环境中不可或缺的要素，它能够吸引人们在宜人的环境中休憩娱乐。山水景观包括喷泉、水潭、小溪、人工瀑布、假山奇石等。植物与水体山石通过艺术手法的有机组合，可构成地下空间中的山水园林景观，创造出舒适的仿户外环境。蒙特利尔地下街的水景如图4-21所示。

图4-21 蒙特利尔地下街的水景

3. 公共艺术景观

在这里公共艺术景观不是局限于纯艺术的美术作品，而是包括了具有实用功能的公共设施。地下空间中的公共艺术景观包括四部分：

(1)地下交通设施：地铁车辆(色彩、图案等)、地下指示系统(路线图、方位图、提示站点设施)、地下候车处等。

(2)地下商业设施：书报亭、售货亭、电话亭等。

(3)地下休闲观赏设施：景观艺术品、雕塑、壁画、橱窗展示等。

(4)地下空间设备设施：消防设备、垃圾收集设施等。

这些设施都需要进行合理细致的设计，营造出和谐、美观地下空间环境。

4. 空间围合景观

地下空间景观环境通常由三面围合景观构成,即地面、墙面和顶棚。

(1)地面:地面的铺装通常要考虑材质、颜色、图案、安全等方面的要求;具有引导、富于韵律的图案拼贴是满足不同功能的地下空间景观环境的高级需求。富有美感的地面铺装设计对于烘托地下空间景观环境有着积极的作用。

(2)墙面:墙面的装修除了要考虑地面铺装所要求的因素外,还应注意与地面铺装统一和谐。墙面处理简洁、色彩运用明快,满足吸声防潮和防火的要求。通常采用竖向线条墙面的处理,对增大空间、减少压抑有着独特的效果。目前我国很多地铁车站采用的文化墙,对于展现人文历史、展现艺术风貌起到了很好的作用。

(3)顶棚:地下空间的顶棚应有较好的抗震消声、防火防潮、反射光线等性能。顶棚的处理可以创造出高低错落、富于变化的地下空间,并可通过灯具和壁画的使用来增加艺术效果。通常顶棚的处理都结合灯光照明,来限定空间、引导方向。

著名的莫斯科地铁车站如图4-22所示。

图4-22　著名的莫斯科地铁车站

5. 灯光照明景观

地下建筑的采光原则是尽可能地引入自然光,但是灯光照明是不可替代的补充。地下空间灯光照明应首先满足照度要求,使人们能看清所处环境、安全行进;其次,灯光照明应符合人们视觉变化的需求,从明到暗,再从暗到明的变化;第三,灯光照明应根据功能需要,借助照明工具的不同类型、不同色彩、不同造型,创造出多样化的灯光照明景观,增强城市地下空间的景观环境魅力。

三、地下建筑景观环境设计原则

1. 安全性原则

由于“地下”两字长期以来带给人们的感觉就是黑暗、不安全,因此营造具有安全感的地下空间是地下建筑景观环境设计的基础和前提。意大利 Toledo 地铁站如图4-23所示。

图 4-23　意大利 Toledo 地铁站

通常采用以下措施进行设计：

(1)材质变化

对于地下空间中不同功能和特点的区域可以采用不同材质的建筑材料进行铺装，或采用不同拼接的图案来吸引人们的注意。

(2)色彩导向

色彩具有引导提示的作用已在地下交通空间中广泛运用。除了出入口、紧急疏散通道等功能性区域设置醒目的颜色标识外，很多城市用色彩来区分不同的地铁线路。例如，武汉地铁的 7 条线路都有属于自己的颜色：开通的 1 号线标识色是地铁蓝，2 号线为梅花红，4 号线为芳草绿；在建的 3 号线标识色为归元金、6 号线为鹦鹉绿、7 号线为凤凰橙、8 号线为青铜色。

(3)灯光设置

由于地下空间的采光大部分来自于灯光照明，因此灯光照明必须满足不同阶段人们进入地下空间对光的生理反应要求。同时还要合理组织和布置光源，使路面有合适亮度，均匀照明，防止眩光和闪烁，并考虑视觉引导性。

2. 舒适性原则

(1)声环境——噪声控制

由于地下空间的封闭性，使得机械噪声强度很高，长时间置身其中，会对人体造成伤害。此外，由于与外界隔绝，地下空间中部分空间也会缺少正常工作和生活中应有的声响，营造出令人不安、极度安静的环境。采用先进的技术控制方法，合理控制噪声强度，有益于人们的身心健康。

(2)光环境——自然光的引入

在地下空间中，自然采光不仅仅是为了满足照度和节约采光能耗的要求，更重要的是满足人们对自然阳光、空间方向感、夜昼交替、阴晴变化、季节气候等自然信息感知的心理要求。同时，在地下空间中，自然采光可有效地改善地下空间的通风效果，丰富地下空间的空间层次，减少封闭阴暗、方向不明等负面影响。

一般可借助具有通风功能的下沉庭院，将室外光引入室内，另外还可以采用采光天窗和光导管系统等。将采光天窗和光导管系统设置于走廊、公共空间。特别是对白天有大量照明需要，晚间无须照明的区域更为合适。自然光的引入如图 4-24 所示。

图 4-24　自然光的引入

(3)热环境——湿度控制

湿度环境是地下空间中必须认真对待的问题。在夏天雨季,潮湿的外部空气在建筑物与土接触的墙壁上会被冷却,因而建筑物内湿度很高。湿度过大会促使霉菌的生长,加重人的风湿类疾症和不利感受。因此,城市地下空间内必须具有良好的控湿、除湿设备。

(4)空气环境——整体控制

由于与室外环境接触面较少,相对于地面建筑,地下空间建筑的新鲜空气不足,污染微生物较多。地下建筑室内重要的空气污染物质是从地下的土和岩石及混凝土中释放出的具有放射性的氡气,其他污染物来源有燃料、人的活动(吸烟、呼吸)、建筑材料及室外污染等。因此,应采用相关的建筑技术和设备,来改善其空间环境,增强其空气的流通性,获得宜人的空气质量。对于商业区域,采用有害气体浓度监控,并联动新风机系统,在节省通风能耗的同时,时刻保持地下足够的新风量。对于地下车库,则应根据车位布置特点,合理设置排风与新风系统,供应的新风应优先流过人员行走区;排风口应靠近污染物产生源。

3. 艺术性原则

地下空间景观环境的创造,不仅要满足人们基本的生理需求及心理需求,而且更应该创造出高层次的文化艺术享受。早期城市地下空间建设,仅仅是为了满足功能需要,很少考虑其传播文化、展现艺术的作用。因此城市地下空间也仅是进行简单的内部装修,很少有考虑其艺术的功能。但是随着物质生活水平的提高,人们对地下空间的要求逐渐从功能化向更高层次的艺术化迈进。

例如,著名的瑞典斯德哥尔摩地铁被誉为世界上最长的艺术长廊。斯德哥尔摩地铁最早运行于 1950 年,全长 110km,被认为是欧洲最漂亮的地铁。目前在全城 100 个营运站点中,有大约 90 个站点已经被艺术所覆盖,每一个站点都是一道不同的风景线,有火红的岩石坑、蓝色的壁画、多彩的彩虹,还有未来主义的设计装饰理念等,这些设计理念来自于 150 多名艺术家。各不相同的色彩效果突出了站台的个性,也丰富了乘客的旅途体验。即使不认识站名,看到这些特色鲜明的设计,乘客们也不会走错站。斯德哥尔摩交通管理部门在网站上这样写道:“艺术让地铁站变得更加漂亮有趣,也让人们更容易识别道路方向。”

除瑞典的斯德哥尔摩以外,还有一些城市的地铁站也独具特色,如法国的巴黎、葡萄牙的里斯本、俄罗斯的莫斯科以及德国的柏林等。

斯德哥尔摩部分地铁车站如图4-25所示。

a)

b)

c)

图4-25　斯德哥尔摩部分地铁车站

4. 人性化原则

(1)无障碍设计

除了设置方便视障人士出行的盲道外,地下建筑设计时还应考虑方便行动不便人士的出行,在地面空间与地下空间转换的地方设置辅助设施。对于地下换乘空间的设计不应停留在表层,而应从多个层次如防滑、声音提示、照明处理等方面进行综合考虑。

(2)信息导向系统设计

地下空间位于地面以下,没有相对参照物,这使得人们身处其中时会方向感不强、无法正确地辨别位置信息。因此,完善和准确的信息导向系统设计在地下空间导向性方面起着巨大的作用。目前,我国城市地下空间导向系统设计运用相对成熟的是在地铁车站中。尽管还有不完善之处,但是相比其他地下空间没有或有很少的导向系统来说已是很大进步。

(3)配套服务设施设计

人处于不同的城市地下空间,会有不同的活动行为。如工作、休闲、换乘、会面等。正是由于人活动行为的不确定性,决定了城市地下空间中必须存在必要的休息设施及配套服务设施,这些设施的设计应该体现人性化的需求。

5. 和谐性原则

地下空间是地上空间的延伸,因此在进行地下空间景观环境设计时,应注重景观整体的统一性、连续性,不要形成强烈的对比和冲突。同时应该因地制宜地考虑两个空间界面的处理——入口处的景观环境设计,使其与周围环境相协调,同时缓解人们进入地下空间时不良的心理感受。

思考题

1. 地下空间规划的基本原则有哪些?
2. 城市地下空间规划的主要内容是什么?
3. 我国地下空间发展的特点是什么? 发展重点是什么?
4. 什么是地下综合管廊? 其主要设计要点有哪些?
5. 地下结构的基本设计模型有哪几种? 现在常用的是什么?
6. 在地下建筑环境设计中应注意哪些问题?

第五章　地下工程施工与管理

第一节　地下工程明挖法

所谓明挖法，是指地下结构工程施工时，从地面向下分层、分段依次开挖，直至达到结构要求的尺寸和高程，然后在基坑中进行主体结构施工和防水作业，最后回填恢复地面。实际工程施工中，根据工程地质条件、开挖工程规模、地面环境条件、交通状况等确定。

一般在地形平坦，埋深小于30m时，采用明挖法具有很好的实用价值；明挖法适应性强，适用于任何岩（土）体，可以修建各种形状的结构物；明挖法可以为地下结构的施工创造最大限度的工作面，各项工序可以全面铺开，进行平行流水作业，因而施工速度快；明挖法施工技术比较简单，便于操作，工程质量有保证。在地面交通和环境条件允许的地方，应优先选择明挖法。

常见的浅埋式地下工程有地铁车站、地铁行车通道、城市地下人行通道、地下综合管网工程等，这些浅埋式地下工程，覆土厚度（埋入土中深度）为5～10m，一般都采用明挖法施工。在某些情况下，有的埋置深度达十几米甚至二十几米的地下工程，也可以采用明挖法施工（图5-1）。

图5-1　明挖法地下施工

浅埋地下工程采用明挖法施工的优点在于，一是开挖施工简捷，二是主体结构施工在坑底“开敞”式进行，与地面结构施工相类似。其缺点在于对地面环境影响和交通的干扰。在措施得当的情况下，可以发扬其优点，克服（或弱化）其缺点。

某些地下工程，埋深不大，但平面尺寸很大，如一些城市的地下广场、大规模地铁车站、地下商场、地下医院等，其内部结构也采用一般的梁板结构，这类工程适宜于采用明挖法施工。对于这类大平面尺寸的地下工程明挖法施工时，常可以采用分部开挖或沟槽开挖法，先在周边开挖到设计高程，建造好外围结构，然后开挖中间部分，再进行内部结构施工及顶板施工和覆土填埋。明挖法内支撑施工如图5-2所示。

图5-2　明挖法内支撑施工

第二节　地下工程暗挖法

前一节，我们讲述了明挖法在施工中的应用和方法、明挖法适用条件以及几种典型的明挖施工法，如基坑开挖、基坑支挡开挖、地下连续墙等。对于埋深小于30m的平坦地形最好采用明挖法，但是当埋深超过一定限度后，明挖法将不再适用，而应改用暗挖法，即不开挖地面，采用在地下挖洞的方式施工，盾构法、掘进机法、矿山法等均属暗挖法。

一、盾构法

盾构法是使用盾构机在地下掘进，边防止开挖面土砂崩塌，边在机内安全地进行开挖作业和衬砌作业，从而构筑成隧道的施工方法。按照这个定义，盾构施工法是由稳定开挖面、盾构机挖掘和衬砌三大要素组成。

初期的盾构法施工是用手掘式或机械开挖式盾构机，结合使用压气施工法边保证开挖面稳定，边进行开挖。在围岩渗漏很严重的情况下，用注浆法进行止漏，而对软弱地基，则采用封闭式施工。经过多年对盾构技术的研究开发和应用，盾构机已演变成现在非常盛行的泥水式和土压式两种。这两种机型的最大优点是在开挖功能中考虑了稳定开挖面的措施，将盾构施工法三大要素中的前两者融为一体，无须辅助施工措施，就能适应地质情况变化大且范围较广的地层。

在隧道的一端建造竖井或基坑，将盾构安装就位。盾构从竖井或基坑的墙壁开孔出发，在地层中沿着设计轴线，向另一竖井或基坑的孔洞推进。盾构推进中所受到的地层阻力，通过盾构千斤顶传至盾构尾部已拼装的隧道衬砌结构上，再传到竖井或基坑的后靠壁上。盾构机是这种施工法中主要的独特施工机具。盾构法施工示意图如图5-3所示。

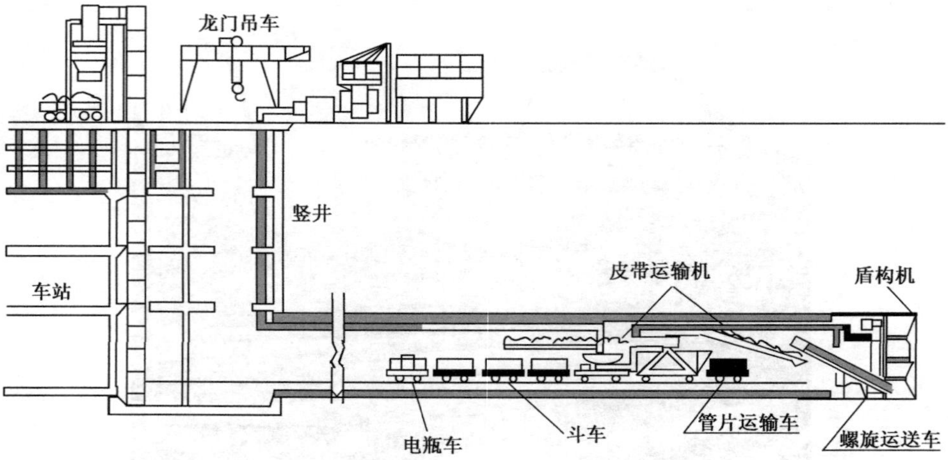

图5-3 盾构法施工示意图

盾构法施工是在闹市区和水底的软弱地层中修建地下工程较好的施工方法之一。近年来，盾构机械设备和施工工艺的不断发展，适应大范围的工程地质和水文地质条件能力大为提高。各种断面形式和具有特殊功能的盾构机械(急转弯盾构、扩大盾构、地下对接盾构等)相继出现，其应用在不断扩大，盾构法施工具有作业在地下进行，不影响地面交通，减少噪声和振动对附近居民的影响；施工费用受埋深的影响小，有较高的技术经济优越性；盾构推进、出土、拼装衬砌等主要工序循环进行，易于管理，施工人员较少；穿越江、河、海时，不影响航运；施工不受风雨等气候条件影响等优点。这些优点将对城市地下空间利用的发展起到有利的技术支持作用。盾构法施工成果图如图5-4所示。

图5-4 盾构法施工成果图

盾构施工法开挖面稳定技术，是从压气施工法的“气”演变到泥水式的“水”和土压式的“土”。“开挖面稳定”和“盾构开挖”的技术已达到较完善的程度。目前盾构一般指封闭式的泥水式和土压式盾构。泥土加压式盾构机因其具备用地面积少、适用土地广、残土容易处理等优点，在建筑物密集的市区，使用数量逐年增加。

最近，盾构技术的发展动向是：开发超大断面的盾构机和 MF 盾构机、DOT 盾构机等多断面盾构机，在衬砌和开挖方面采用 BCL 施工法的技术，采用管片自动组装装置的省力化，以及用自动测量进行开挖控制，用计算机进行各种施工管理实现管理系统化等的开发研究。对提高盾构法施工的安全性、施工性和经济性展示了更加广阔的应用前景。

二、掘进机法

掘进机法是利用岩石隧道掘进机在岩石地层中暗挖隧道的一种施工方法。施工时所使用的机械通常称为隧道掘进机，英文名称是 Tunnel Boring Machine，简称 TBM。它是利用回转刀盘又借助推进装置的作用力从而使得刀盘上的滚刀切割（或破碎）岩面以达到破岩开挖隧道（洞）的目的。按岩石的破碎方式，大致分为挤压破碎式与切削破碎式两种：前者是将较大的推力给予刀具，通过刀具的楔子作用将岩石挤压破碎；后者是利用旋转扭矩在刀具的切线方向及垂直方向上进行切削。如果按刀具切削头的旋转方式，可分为单轴旋转式与多旋转式两种。作为构造来讲，掘进机是由切削破碎装置、行走推进装置、出渣运输装置、驱动装置、机器方位调整机构、机架和机尾，以及液压、电击、润滑、除尘系统等组成。掘进机法施工如图 5-5 所示。

图 5-5　掘进机法施工

隧道掘进机按不同方式可分为以下几种：

1）按切削方式分类

当前世界上使用的隧道挖掘机，可大致分为全断面切削式和部分断面切削式两类。部分断面切削方式是挖掘煤炭用的机械在隧道挖掘施工上的应用，全断面切削方式开挖的断面一般是圆形的。

2)按开挖地层分类

(1)土质隧道掘进机。目前通用的土质隧道施工专用机械设备的各种形式掘进机分类方法有以下几种:

①根据开挖面上的挖掘方式,可以分为人工挖掘(手掘)式、半机械挖掘式和机械挖掘式。

②根据切削面上的挡土方式,可以分为开放型方式和封闭型方式(土体能自稳时采用开放型方式,土体松软而不能自稳时则用封闭型方式)。

③根据向开挖面施加压力的方式,可以分为气压方式、泥水压力方式、削土加压方式和加泥方式。

(2)岩石隧道掘进机。掘进机生产的机器构造形式多种多样,从世界范围内使用的掘进机来看,是根据制造商生产的掘进机在各自范围自行分类。

①桁架式掘进机。该类掘进机常用于软岩开挖。

②撑板式掘进机。用于不易塌落或密实的岩石。

③盾构式掘进机。能用于混合型地层(部分硬的黏土或坚实的砂土层)。

三、矿山法

矿山法修建隧道或洞室,用于硬岩和部分软岩时采用钻爆法;用于比较破碎的软岩隧道、土质隧道及浅埋或超浅埋隧道,特别是大跨度多层的地下空间时,多采用掘进机或人工开挖方法,施工时需要采用事先加固围岩的辅助方法。对于浅埋或超浅埋隧道的开挖,为区别于钻爆法而称为浅埋暗挖法。

新奥法与传统施工方法的区别:传统方法认为巷道围岩是一种荷载,应用厚壁混凝土加以支护松动围岩。而新奥法认为围岩是一种承载机构,构筑薄壁、柔性、与围岩紧贴的支护结构(以喷射混凝土、锚杆为主要手段),并使围岩与支护结构共同形成支撑环,来承受压力,并最大限度地保持围岩稳定,而不致松动破坏。

新奥法将围岩视为巷道承载构件的一部分,因此,施工时应尽可能全断面掘进,以减少巷道周边围岩应力的扰动,并采用光面爆破、微差爆破等措施,减少对围岩的振动,以保全其整体性。同时注意巷道表面尽可能平滑,避免局部应力集中。新奥法将锚杆、喷射混凝土适当进行组合,形成比较薄的衬砌层,即用锚杆和喷射混凝土来支护围岩,使喷射层与围岩紧密结合,形成围岩支护系统,保持两者的共同变形,因此可以最大限度地利用围岩本身的承载力。

双侧壁导坑法施工如图5-6所示。

新奥法的主要支护手段与施工顺序:新奥法是以喷射混凝土、锚杆支护为主要支护手段,因锚杆喷射混凝土支护能够形成柔性薄层,与围岩紧密黏结的可缩性支护结构,允许围岩有一定的协调变形,而不使支护结构承受过大的压力。施工顺序可以概括为:开挖→一次支护→二次支护。

矿山法施工现场如图5-7所示。

1.全断面开挖法

全断面开挖法是按设计开挖断面以刺激开挖成形,然后修建衬砌的施工方法。

图 5-6　双侧壁导坑法施工

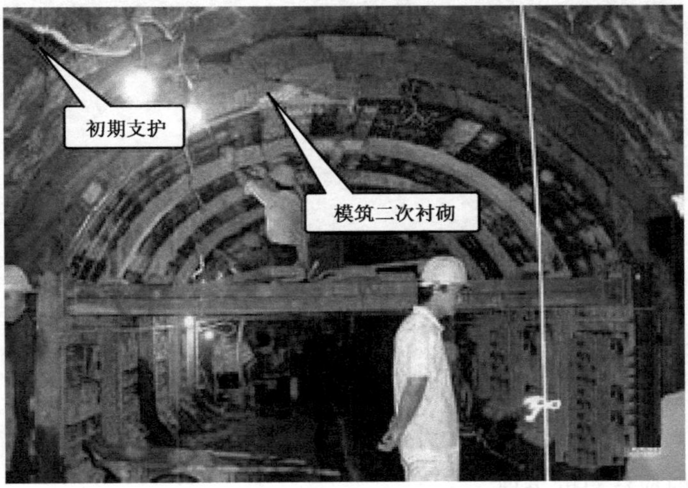

图 5-7　矿山法施工现场

(1)适用条件

全断面开挖法适用于地质条件较好的情况，如Ⅰ～Ⅳ级围岩，用在Ⅳ级围岩时应具备从开挖到初期支护前的这段时间，围岩应能保持自身的稳定性；要有钻孔台车或自制作业台架及高效率装运机械设备；隧道的长度不宜太短，根据经验一般不宜小于 1km，否则经济性较差。

(2)施工特点

全断面开挖有较大的工作空间，适用于大型配套机械化施工，施工速度较快，且因单工作面作业，便于施工组织和管理。一般应尽量采用全断面开挖法。但开挖面大，围岩相对稳定性降低，且每循环工作量相对较大，因此要求具有较强的开挖、出渣能力和相应的支护能力。

(3)开挖时的注意事项

了解开挖面前方的地质情况，随时准备好应急措施（包括改变施工方法），以确保施工安全。尤其应注意突然发生的地质条件恶化,如地下泥石流。

各工序使用的机械设备务求配套,以充分发挥机械设备的使用效率,使各工序之间协调作业,在保证隧道稳定安全的条件下,提高施工速度。

在软弱破碎围岩中使用全断面法开挖,应加强对辅助施工方法的设计和作业检查,以及对支护后围岩的动态量测与监控。

2. 台阶开挖法

台阶开挖法一般是将设计断面分上半断面和下半断面两次开挖而成,也有采用台阶上部弧形导坑超前开挖的。

(1)台阶开挖法的优缺点

台阶开挖法可以有足够的工作空间和相当的施工速度,但上下部作业有干扰。台阶开挖虽增加对围岩的扰动次数,但台阶有利于开挖面的稳定。尤其是上部开挖支护后,下部作业就较为安全,但应注意下部作业时对上部稳定性的影响。台阶法施工如图 5-8 所示。

图 5-8　台阶法施工

(2)台阶开挖时应注意的事项

①台阶长度要适当。按台阶长短可分为长台阶、短台阶、超短台阶三种。选用何种台阶,应根据两个条件来确定:其一是初期支护形成闭合断面的时间要求,围岩稳定性越差,闭合时间要求越短;其二是上半断面施工时开挖、支护、出渣等机械设备所需的空间大小的要求。

②解决好上、下半断面作业的相互干扰问题。超短台阶基本上是为一个工作面进行同步掘进;长台阶基本上拉开,干扰较小;而短台阶干扰较大,要注意作业组织。对于长度较短的隧道,可将上半断面贯通后,再进行下半断面施工。

③下部开挖时,应注意上部的稳定。若围岩稳定性较好,则可以分段顺序开挖;若围岩稳定性较差,则应缩短下部掘进循环进尺;若稳定性很差,则可以左右错开,或先拉中槽后挖边帮。

3. 分部开挖法

分部开挖法是将隧道断面分部开挖逐步形成,且一般将某部超前开挖,故也可称为导坑超前开挖法。常用的有上下导坑超前开挖法,上导坑超前开挖法,单(双)侧壁导坑超前开挖法等。

(1)分部开挖法的优缺点

分部开挖因减少了每个坑道的跨度(宽度),能显著增强坑道围岩的相对稳定性,且易于进行局部支护,因此它主要适用于围岩软弱、破碎严重的隧道或设计断面较大的隧道中。分部开挖由于作业面较多,各工序相互干扰较大,且增加了对围岩的扰动次数,若采用钻爆掘进,则更不利于围岩的稳定,施工组织和管理的难度较大。

(2)分部开挖时应注意的问题

因工作面较多,相互干扰大,应注意组织协调,实行统一指挥。由于多次开挖对围岩的扰动大,不利于围岩的稳定,应特别注意加强对爆破开挖的控制。应尽量创造条件,减少分部次数,尽可能争取用大断面开挖。凡下部开挖,均应注意上部支护或衬砌的稳定,减少对上部围岩及支护、衬砌的扰动和破坏,尤其是边帮部位开挖时。

第三节　地下工程辅助工程施工

一、地下工程防水施工作业

地下工程的特点之一是受地下水的影响,如果地下工程没有防水措施或防水措施不得当,地下水就会渗入结构内部,使混凝土腐蚀、钢筋生锈、地基下沉,甚至淹没构筑物,直接危机建筑物的安全。为了确保地下工程的正常使用,必须重视防水措施。

地下工程防水的形式,大体上可以归纳为水密性、排水型两类。两者的唯一区别是前者承受水压的作用,而后者不承受水压的作用。这样在地下工程结构的设计和施工上,就有不同的考虑。

按照设防的措施类别,地下工程防水又可分为构造防水和材料防水。根据地下工程所处位置的地下水存在的特点,采取不同的防水措施,主要方法有隔水、排水、堵水等,可根据情况单独使用,也可以几种措施综合使用。防水施工图如图 5-9 所示。

图 5-9　防水施工图

1. 隔水

利用不透水或弱透水材料,将地下水隔绝在建筑空间之外的防水方法,称为隔水法。隔水可以通过外加的防水层起作用,也可以把结构本身作为隔水层,后者称为结构自防水。

防水层设在结构外侧的为外防水,又称正向防水;设在结构内侧的为内防水,也称反向防水。外防水可承受地下水的静水压力,并传递到结构;内防水承受水压的能力较差,对于毛细水和气态水能起隔绝作用,静水压力较大时则不适于使用。

防水层有柔性和刚性两种:柔性的有各种卷材和喷涂料;刚性的有防水砂浆、金属薄片、结构自防水等。

2. 排水

排水是地下建筑防水措施之一,是将水在渗漏进建筑物内部之前加以疏导和排除,包括地表水的排除、人工降低地下水位和将水引入建筑物后再有组织地排走等几种做法。

地下工程隔水施工现场如图5-10所示。

图5-10 地下工程隔水施工现场

3. 堵水

向岩土体中注入防水材料,堵塞水流通路而形成一个隔水层,是一种堵水措施,也称注浆止水。堵水还有一种含义,就是当防水结构或防水构造受到破坏面渗漏水时,向破坏处(孔隙、裂缝等)及其附近注入防水材料,起一个修复作用,故常称为堵漏。此外,在预制构件的接缝处,要做好密封措施,实际上也是一种堵水方法。

由于在现实中地下水的埋藏、运动和渗漏机理相当复杂,单独采取其中一种措施,往往不能起到安全防水作用,因此必须综合治理,将两种或更多的措施配合使用,互为补充,才能取得较好的防水效果。

各类地下工程所采取的防水措施是多种多样的,其工程分类、设计所采取的结构形式、主体防水方案以及所采用的防水材料可参见表5-1。

各类地下工程的防水措施　表 5-1

工程类别	结构形式	重要防水部位	主体防水方案	主要防水材料
隧道施工	喷锚结构；衬砌结构（复合式衬砌、离壁式衬砌、衬套贴壁式衬砌）	内衬砌的垂直施工缝、内衬砌的变形缝（诱导缝）、衬砌管片的连接、灌浆孔、预留通道接头	喷射防水混凝土衬砌；防水混凝土衬砌；注浆防水；衬砌防水砂浆抹面；衬砌防水涂层；自流、机械排水系统；渗排水与盲沟排水；衬砌排水系统	喷射防水混凝土，防水混凝土及衬砌管片，防水剂、防水砂浆、防水卷材、防水板、防水涂料、注浆堵漏止水材料，接缝与密封材料（可卸式止水带、密封胶、遇水膨胀止水条）等
地下建筑物	防水混凝土结构；钢筋混凝土结构；砌体结构；衬套结构	桩头；施工缝；后浇带；穿墙管（盒）；埋设件；预留孔洞；孔口；出入口	防水混凝土结构防水层（包括防水砂浆、卷材、涂膜、金属防水层）；构造节点等部位止水堵漏处理；排水系统	防水混凝土、膨胀混凝土，普通防水砂浆与改性防水砂浆，高聚物改性沥青防水卷材、防水涂料，密封材料（橡胶类止水带、遇水膨胀止水条、密封胶）等

二、地下工程出渣运输作业

出渣是隧道施工的辅助作业之一。出渣作业能力的强弱，决定了它在整个作业循环中所占时间的长短（一般在 40% ~60% 之间），因此，出渣运输作业能力的强弱在很大程度上影响施工速度。

在选择出渣方式时，应对隧道开挖断面的大小，围岩的地质条件、一次开挖量、机械配套能力、经济性及工期要求等相关因素综合考虑。

出渣作业可以分解为装渣、运输、卸渣 3 个环节，分述如下。

1. 装渣

装渣就是把开挖下来的石渣转入运输车辆。

（1）装渣方式

装渣方式可采用人力装渣或机械装渣。人力装渣，劳动强度大、速度慢，仅在短隧道缺乏机械或断面小而无法使用机械装渣时，才考虑采用。机械装渣速度快，可缩短作业时间，目前隧道施工中常用，但仍需配少数人工辅助。

（2）装渣机械

装渣机械的类型很多，按其扒渣机构形式可分为：铲斗式、蟹爪式、立爪式、挖斗式。铲斗式装渣机为间歇性非连续装渣机，有翻斗后卸、前卸和侧卸式 3 种卸渣方式。蟹爪式、立爪式和挖斗式装渣机是连续装渣机，均配备刮板（或链板）转载后卸机构。

装渣机的走行方式有轨道走行和轮胎走行两种。也有配备履带走行和轨道走行两套走行机构的。轨道走行式装渣机需铺设走行轨道，因此其工作范围受到限制。但这些轨道走行式装渣机的装渣机构能转动一定角度，以增加其工作宽度。必要时，可采用增铺轨道来满足更大的工作宽度要求。轮胎走行式装渣机移动灵活，工作范围不受限制。但在有水的土质围岩的隧道中，有可能出现打滑和下陷。

装渣机扒渣的方式不同，走行方式不同，装备功率不同，则其工作能力各不相同。装渣机的选择应充分考虑围岩及坑道条件、工作宽度及其与运输车辆的匹配和组织，以充分发挥各自的工作效能，缩短装渣的时间。

2. 运输

隧道施工的洞内运输（出渣和进料）方式分为有轨式和无轨式，应根据隧道长度、开挖方法、机具设备、运量大小等选用运输方式。

（1）有轨式运输

有轨式运输是铺设小型钢轨轨道，用轨道式运输车出渣和进料。有轨运输大多采用电瓶车或内燃机车牵引，有少量为人力推运，采用斗车或梭式矿车运石渣，是一种适应性较强的且较为经济的运输方式。

常用的有轨式运输车辆有斗车、梭式矿车、窄轨平板车、窄轨矿车等。

①斗车。斗车结构简单、使用方便、适应性强、经济性较好。按其容量大小可分为小型斗车（容量小于 $3m^3$）和大型斗车（单车容量可达 $20m^3$），采用动力机车牵引。

②梭式矿车。主要由整体式车厢、传动机构和转向架等部分组成。输送机为刮板式，设有装渣移动挡板，由石渣推动挡板前移，卸车将挡板带回装渣端，可在轨道正前方或侧面卸渣。梭式矿车单车容量为 $6 \sim 18m^3$，可以单车使用，也可 2 ~ 4 节搭接使用，以减少调车作业次数。卸车处要求铺设岔道双线。

③窄轨平板车。用于运输材料、工具和设备等。

④窄轨矿车。窄轨矿车分固定车厢式、翻转车厢式和侧卸式等多种形式。

（2）无轨式运输

无轨式运输是采用无轨运输车出渣和进料。其特点是机动灵活，不需要铺设轨道，适用于弃渣场离洞口较远和道路纵坡度较大的场合。缺点是由于大多采用内燃驱动车辆，作业时，在整个洞中排出的废弃污染了洞内空气，故适用于大断面开挖和中等长度的隧道施工中，并应注意加强洞内通风。

隧道无轨式运输车为燃油式动力、轮胎行走的自卸汽车（载重量 2 ~ 25t）。还有铰接车身或双向驾驶的坑道专用车辆。一般要求选用载重自重比大、体型尺寸较小、机动灵活、自卸、配有废弃净化器、能与装渣机能力相配套的运输车，可充分发挥各自的工作效率及提高整体工作能力，达到加快隧道施工掘进速度的目的。

3. 卸渣

卸渣工序的安排与卸渣场的码头设置，应能适应每个洞口出渣高峰期的需要，并尽量减少调车时间，做到安全、有效、快速卸渣。

公路隧道施工中卸渣作业应符合下列要求：

（1）应根据弃渣场地形条件、弃渣利用情况、车辆类型，妥善布置卸渣线，卸渣时应在布置的卸渣线上依次进行。

（2）卸渣宜采用自动卸渣或机械卸渣设备，卸渣时应有专人指挥卸渣、平整。

（3）卸渣场地应修筑永久排水设施和其他防护工程，确保地表径流不致冲蚀弃渣堆，重视环境保护。

（4）轨道运输卸渣时，卸渣码头应搭设牢固，并设挂钩、栏杆，轨道末端应设置可靠的挡车装置，以保证列车卸渣作业安全。

第四节　地下工程施工组织与管理

一、地下工程施工组织

1.施工准备

施工准备是整个工程建设的序幕和整个工程按期开工的重要保证。施工准备一般是分阶段进行的,在开工前的准备工作比较集中,开工后随着工程施工的进展,各工种施工之前也都有相应的准备工作。因此施工准备工作又是经常性的,需要适应施工中经常变化的客观因素的影响。

地下工程项目施工准备工作按其性质及内容通常包括技术准备、物资准备、劳动组织准备、施工现场准备和施工场外准备。

(1)技术准备

技术准备是施工准备最重要的内容。任何技术的差错或隐患都可能危及人身安全和引起质量事故,造成巨大的损失。认真地做好技术准备工作,是工程顺利进行的保证,具体包括以下内容:

①熟悉、审查施工图纸及有关设计资料。

②调查工程所在地区的自然条件(地形、地质、水文、气象等)的勘察资料和施工技术资料。

③根据获得的工程控制测量的基准资料,进行复测和校核,确定工程的测量网。

④在调查获得的新的资料基础上,确定施工方案,补充和修改施工设计。

⑤编制施工图预算和施工预算。

(2)物质准备

地下工程的物质准备工作,主要包括现场的基本条件和所需的建筑材料。

开工前必须准备的基本条件有:施工道路,施工所用的水、电、气、通信设施;施工现场的平整和布置;修建施工的临时用房(机械修理房、木材加工房、材料库房、炸药库房、生活用房、办公室、会计室、调度室等);搭建工程用房(压缩空气房、配电房、水泥搅拌房、材料检测房等)。

物资准备主要有:建筑材料、构件加工设备、工程施工设备(施工机具和设备、运输车辆)、安装设备等。

(3)劳动组织

①工程项目的组织结构。根据工程项目的规模、结构特点和复杂程度,按照因事设职、因职选人、合理分工、密切协作相结合的原则,组建工程项目的组织机构。

②工程项目的施工队伍。施工队伍的组建应根据该工程的劳动力需要量计划,考虑专业、工种的合理搭配,强化技术骨干的主导作用,技工、普工的比例要满足合理的劳动组织,符合流水施工组织方式的要求。

③建立健全各项管理质量。建立健全工地的各项管理制度,是工程顺利进行的保证。内

容一般包括:工程质量检查与验收制度、工程技术档案管理制度、建筑材料(构件、配件、制品)的检查验收制度、技术责任制度、施工图纸学习与会审制度、技术交底制度、工地及班组经济核算制度、材料出入库制度、安全操作制度、劳动制度和机具使用保养制度等。

2. 施工组织设计

施工组织设计是施工准备工作最重要的环节,是用来指导现场施工全过程中各项活动的综合性技术文件。它的重要性主要表现在:不同的地下建筑物有不同的施工方法,相同的地下建筑物,其施工方法也不可能完全相同。因此没有固定不变的施工方法可供选择,应根据不同的工程特点,详细研究工程地区环境和施工条件,从施工的全局和技术经济的角度出发,遵循施工工艺的要求,合理地安排施工过程的空间布置和时间排列,科学地组织物资资源供应和消耗,把施工中的各单位、各部门和各施工段之间的关系协调起来,进行统一部署,并通过施工组织设计科学地表达出来。

基本建设的程序分为规划、设计和施工 3 个阶段:规划阶段是确定拟建工程的性质、规模和建设期限;设计阶段是编制实施建设项目的技术经济文件,把建设项目的内容、建设方法和投产后的建设效果具体化;施工阶段是制订实施方案,施工阶段中的投资一般占基本建设总投资的 60% 以上,远高于规划和设计阶段投资的总和。

3. 施工方案

施工方案的选择是施工组织设计的核心,施工方案是指带有全局性的、关键的施工技术和施工措施组织的问题,其合理性将直接影响工程的施工效率、质量、工期和技术经济效果。

施工方案编制的依据一般有:施工图,施工现场勘察调查得到的资料和信息、施工验收规范、质量检查验收标准、安全操作规程、施工及机械性能手册,新技术、新设备、新工艺的技术报告。施工方案的编制要依靠组织设计人员的施工经验、技术素质及创造能力来完成。

地下工程施工方案的主要内容一般包括:主导施工过程的施工方法、施工中所使用的大型机械设备、施工顺序、施工工序及作业组织、施工方案的技术经济评价等。

4. 施工进度设计

施工进度是在确定了施工方案的基础上,对工程的施工顺序、各个项目的延续时间及项目之间的搭接关系、工程的开工时间、竣工时间及总工期等做出安排。在这个基础上设计和编制劳动力、材料供应、成品和半成品、机械用量计划等。

二、地下工程施工管理

1. 质量管理

近年来,随着社会主义市场经济的发展和管理水平的提高,质量管理工作已经越来越为人们所重视,企业领导清醒地认识到高质量的产品和服务是市场竞争的有效手段,是争取用户、占领市场和发展企业的根本保证。国际标准化组织(ISO)于 1987 年发布了通用的 ISO 9000《质量管理和质量保证》系列标准,得到了国际社会和国际组织的认可和采用,具有通用性和指导性,已逐步成为世界各国共同遵守的工作规范。我国对具备质量管理基础的企业,在全国范围开展了质量认可工作,以促进企业质量管理水平向国际水平靠拢,实现质量管理的国际化。因此,从发展战略的高度来认识质量问题,质量管理水平已关系到企业的命运和未来。

作为建设工程产品的工程项目,质量的优劣,不仅关系到工程的适用性,而且还关系到人民生命财产的安全和社会安定。因为施工质量低劣,造成工程质量事故或潜伏隐患,其后果是不堪设想的。所以在工程建设工程中,加强质量管理,确保国家和人民生命财产安全是施工项目管理的首要大事。

2. 合同管理和风险管理

合同管理是指企业对以自身为当事人的合同,依法进行订立、履行、变更、解除、转让、终止以及审查、监督、控制等一系列行为的总称。其中订立、履行、变更、解除、转让、终止是合同管理的内容;审查、监督、控制是合同管理的手段。项目合同管理包括对业主的施工承保合同和对分包方、分供方的合同管理和合同索赔管理两个方面。

(1)施工合同管理

施工工程合同管理,就是实现有效控制工程造价,提高企业的利润,加强对施工合同的管理。项目合同管理必须是全过程的、系统性的、动态性的。

加强合同管理首先应树立合同意识,合同管理人员应认真学习国家的法律和法规,掌握业务意识,在签订施工合同时应认真把关,认真做好合同签订前的合同评审工作,从源头上堵塞合同漏洞,防范合同风险。第二,合同签订后,认真进行交底,施工人员特别是现场施工管理人员应认真学习合同,明确合同规定的施工范围及双方的责任、权利和义务等。第三,加强企业内部的管理,结合企业的实际情况,制定合同的管理办法,明确相关人员的责、权、利,调动合同管理机构的积极性。

(2)分包、分供合同管理

由于企业规模的扩张和社会分工的细化,利用社会资源进行分包、分供,是做强、做大企业的有效途径。分包、分供合同也是施工企业合同管理的难点和重点,是维护企业利益的关键工作,是容易造成企业利润流失的关键环节。一般应遵循以下原则:

①合法性原则。分包一定要遵守司业主签订的合同规定,不得违法分包;要求分包商必须具有项目工程要求的相应资质。

②合理性原则。项目要对中标后拟分包的工程,进行认真分析,对不平衡报价进行调整后再分包。在确保项目的责任成本目标和利润目标的前提下,制定分包工程的承包价。

③采用招标确定分包、分供单位。

④集体参与、相互监督原则。项目都要成立以项目经理为组长,项目总工、副经理、书记、技术、材料、合同管理部门负责人参加的合同管理领导小组,实行集体参与,互相监督。要规范合同签订、施工监督、验工、拨款、竣工结算中的每一个环节,防止利润流失。

(3)合同索赔管理

索赔是合同当事人在合同实施工程中,根据法律、合同规定及惯例,对不是由于自身过错,而是应由对方承担的责任的情况造成的实际损失向对方提出经济和(或)时间补偿的要求。

索赔是合同双方经常发生的合同管理业务,是双方的合作方式,而不是对立。索赔工作的健康开展,对培育和发展建筑市场,促进建筑业发展,提高建设效益,起着非常重要的作用;索赔的开展,有利于促进双方加强内部管理,严格履行合同。做好项目的索赔管理主要遵循以下几点：

①签好合同是索赔成功的前提。施工企业在签订合同时，应考虑各种不利因素，为合同履行时创造索赔机会。

②研究合同寻找索赔机会。要对施工合同进行完整、全面、详细的分析，通过研究切实了解合同约定自己和对方的权利和义务，预测合同风险，分析进行合同索赔的可能性，以便采取最有效的合同管理策略和索赔策略。

③加强合同管理，捕捉索赔机会。合同是索赔的依据，索赔是合同管理的延续。建设工程施工，从合同签订到合同终止，是一个较长的过程，在过程中种种原因都会影响承包人的利益而应提出索赔。如工程地质条件变化，国家经济政策的变化，合同不完善，变更设计发包人、监理工程师，设计单位过错，自然灾害，不可抗力等。

④学会科学索赔方法。索赔一定要坚持科学方法，承包人必须熟悉索赔业务，注意索赔策略和方法，严格按合同规定的时间和要求提出索赔。严谨的索赔报告是索赔成功的关键。索赔报告要客观真实，资料完整，文字简洁，用词委婉，计算精确。

(4)项目的风险管理

风险是指威胁到项目计划实施和目标实现的潜在事件或环境。风险管理是系统地将处理风险的途径程序化。风险管理的程序一般为预测、分析、评价和处理。风险管理应注意以下几个方面：

①在投标之前，对招标文件深入研究和全面分析；详细勘察现场，审查图纸，复核工程量；分析合同条款，制订投标策略；要深入了解发包人的资信、经营作风和合同应当具备的相应条件。

②施工合同谈判前，承包人应设立专门的合同管理机构负责施工合同的评审，对合同条款认真研究；在人员配备上，要求承包人的合同谈判人员既要懂工程技术，又要懂法律、经营、管理、造价财务。在谈判策略上，承包人应善于在合同中限制风险和转移风险，达到风险在双方中合理分配。

③加强合同履行时动态管理，建立企业风险预警机制。企业系统管理部门加强对项目合同履行的动态监控，密切关注项目资金、效益、技术、法律等方面的风险，最大限度地减少企业承担的风险。

④合理转移风险。对不可预测风险的发生，在合同履行过程中，推行索赔制度是转移风险的有效方法，尽可能把风险降到最低限度。

3.施工管理

施工管理的要求是：实现高速度、高质量、高功效、低成本和文明施工。它是施工管理的目标，也是衡量建筑企业施工管理水平的主要标志。

施工管理的基本任务是遵循建筑生产的特点和规律，把施工过程有机组织起来。加强组织协调，充分发挥人力、物力和财力的作用，用最快的速度、最好的质量、最低的消耗，取得最大的经济效果。

(1)施工技术管理

施工技术管理的主要任务是：执行各种技术政策和法令、技术规范与规定；建立和健全技术保障体系，按照技术规律科学地组织各项技术工作。建立技术责任制，严格遵守基本建设程序、施工程序和正常的生产技术秩序，组织现场文明施工，确保施工质量，安全施工，降低消耗，提高建设投资和生产施工设备投资的效益。促进企业的科学研究、技术开发、技术教育、技术改造、技术更新和技术进步，不断提高技术水平；努力提高技术工作的技术经济效果，做到技术与经济的统一。

施工技术管理的具体要求是：按工程技术要求的科学规律组织和进行技术管理工作；按国家的技术政策、规范、规程认真检查执行情况；制定和本工程有关的技术规定和管理制度；拟定和组织贯彻技术工作计划和技术措施计划；组织新技术、新结构、新材料、新工艺的试验推广和科技情报的交流。

(2)施工材料管理

施工材料管理的任务是：组织货源，保证供应。通过材料计划工作掌握施工对材料的数量、品种、规格、质量、使用时间的要求以及货源情况；在此基础上，通过申请、订货、采购、运输、储备等一系列工作，保证将材料按质、按量、按时、配套地供应到使用地点。

加强核算，降低成本。要降低材料的消耗，取得较好的经济效益，则需通过控制储备、加速周转、监督使用、精打细算、降低消耗的途径来实现。

现场材料管理的要求是：做好材料的堆放和工地临时仓库的建造；按施工组织设计计划分期分批组织材料进场；坚持现场领发料制度；加强材料耗用核算工作，避免超耗无法挽回；合理地选择和确定施工材料，并对进场的材料进行严格的检查和验收；经常清理现场，回收整理余料，做到工完场清。

(3)施工机械设备管理

施工机械设备管理的任务是：机械设备是保证企业高效完成工程的技术装备，是企业生产活动建立在最佳的物质基础上的手段。因此，现场机械设备管理的任务，就是及时地围护和修理机械设备，保证设备经常处于良好的技术状态，为企业建立正常的生产秩序和进行均衡生产创造条件。合理地使用机械设备，以提高机械设备的使用率、生产水平和经济效益。适时地改造和更新机械设备，以提高机械设备的现代化水平，增强企业的技术能力，适应技术开发的需要。

施工机械设备管理的要点是：贯彻机械化、半机械化和动力机具、改良机具相结合的方针，在地下工程施工中重点发展中、小型机械和手持动力机具。解决占用劳动力多、体力劳动繁重、不用机械就难以完成或难以保证和提高质量及安全生产的工种工程，如土石方开挖和运输、钻眼爆破、混凝土搅拌和浇筑、模筑混凝土、喷射混凝土等工程的机械装备问题。要发展以建筑结构为对象的专业施工队伍，按体系成套装备，发展综合机械化施工。

(4)施工经济管理

做好企业的施工经济管理，是企业获得良好效益的重要途径，施工经济管理包括定额管理和成本管两项主要内容。

①定额管理。定额是指在单位时间内完成合格产品所消耗的资源(人力、材料、设备)用货币形式或计划形式来表现的一种规定或标准。

②成本管理。成本管理是指企业对实施的工程进行合理的降低造价而进行的与工程相关的各项管理工作和制度，目的是以低的消耗(人力、物力)，实施大的经济效益，达到低消耗、高速率、高效益的企业管理水平。

思考题

1. 简述地下工程明挖法的特点及其适用范围。
2. 地下工程暗挖法包括哪些方法？总结各自的特点。
3. 简述新奥法施工的特点。
4. 阐述地下工程运输作业的类型。
5. 总结地下工程施工管理的类型。

第六章　地下工程辅助设施

第一节　供配电及照明

一、供电

随着地下工程隧道施工机械化程度的提高，隧道施工的耗电量也越来越大，且负荷集中。同时为保证施工质量和施工安全，对隧道施工供电的可靠性要求也越来越高，因而施工供电显得越来越重要。

1. 施工总用电量估算

在施工现场，电力供应首先要确定总用电量，以便选择合适的发电机、变压器、各类开关设备和线路导线，做到安全、可靠地供电，减少投资，节约开支。确定现场供电负荷的大小时，不能简单地将所有用电设备的容量相加。因为在实际生产中，并非所有设备都同时工作，另外处于工作状态的用电设备也并非均处在额定工作状态。

2. 供电方式

随着隧道供电方式有自设发电机供电和地方电网供电两种。一般应尽量采用地方电网供电，只有在地方供电不能满足施工用电量需要或距离地方电网太远时，才自设发电站。此外，自发电还作为备用，当地方电网供电不稳定时采用。在有些重要施工场所还应设置双回路供电网，以保证供电的稳定性。

3. 供电线路布置及导线选择

(1)线路电压等级

隧道供电电压，一般是三相四线400/230V。长大隧道可用6~10kV，动力机械的电压标准是380V；成洞地段照明可采用220V，工作地段照明和手持电动机具按规定选用安全电压供电。

(2)导线选择

当供电线路中有电流时，由于导线具有阻抗，会产生电压降，使线路末端电压低于首端电压。线路始末两端电压的差称为线路电压损失，俗称电压降。根据施工规则规定，选用的导线断面应使末端电压降不超过额定电压的10%及国家对经济电流密度的规定。

(3)供电线路布置

在成洞地段用400/230V供电线路，一般采用绝缘铝绞线或橡皮绝缘铅芯线架设；开挖、未衬砌地段以及手提灯应使用铜芯橡皮绝缘电缆。布置线路时应注意以下几点：

①输电干线或动力，照明线路安装在一侧时，必须分层架设。其原则是高压在上，低压在下；干线在上，支线在下；动力线在上，照明线在下，且应在风、水管路相对的一侧。

②隧道内配电线路分低压进洞和高压进洞两种。一般隧道在1000m以下（独头掘进时）时，采用低压进洞，电压为400V，配电变压器设在洞外；当隧道在1000m以上时则采用高压进洞，以保证线路终端电压不致过低。高压进洞电压一般为10kV，配电变压器设在洞内。地下供电施工如图6-1所示。

图6-1 地下供电施工

③根据隧道作业特点，电线路架设分两次进行。在进洞初期，先用橡套电缆装置临时电路，随着工作面的推进，在成洞地段用胶皮绝缘线架设固定线路，换下电缆供继续前进的工作面使用。

④洞内敷设的高压电缆，在洞外与架空高压电线连接时，应安装相同电压等级的阀型避雷器一组。

⑤不允许将通电的多余电缆盘绕堆放，以免引起电缆过热发生燃烧和增加线路电压降。地下电网效果图如图6-2所示。

图6-2 地下电网效果图

⑥低压进洞导线敷设方式分为垂直、水平两种。水平排列占空间较大，影响大型施工机械通过，故一般采用垂直排列。垂直排列时，采用针式绝缘子固定，线间距为0.2m，下部导线离地面≥3m，横担间距一般为10m。高压进洞电缆一般采用明敷设，明敷设是将电缆架设在明处，根据不同地段的具体条件，可分别用金属托架、挂钩、木耳子或帆布带等固定。电缆线离地面≥3.5m，横担间距一般为3～5m。

⑦线路需分支时，分支至所接设备的连接应使用橡套电缆，且每一分支接线应在接头与所接设备之间，安装开关和熔断器；照明线路则仅在分支接头处设置开关和熔断器。分支接头处按规定搭接，并用绝缘布包缠。

二、照明

1. 普通光源施工照明

(1)作业地段照明

作业地段照明必须使用安全变压器，其容量不宜过大，输入电压为220V，输出电压最好有36V、32V、24V和12V四个等级，以便按工作面的安全因素要求选用照明电压，并应装有按电源电压下降而能调整的插头。

(2)不同地段的照明控制

根据隧道施工规范要求，不同隧道施工段灯具布置要求如表6-1所示。

不同隧道施工段灯具布置要求　　表6-1

工作地段		灯头距离(m)	悬挂高度(m)	灯泡容量(W)
施工作业面		不少于15W/m²(断面较大可适当采用投光灯)		
开挖地段和作业地段		4	2～2.5	60
运输地段		5	2.5～3	60
特殊作业地段或不安全因素较多地段		2～3	3～5	100
成洞地段	用白炽灯时	8～10	4～5	60
	用日光灯照明时	20～30	4～5	40
竖井内		3		60

(3)事故照明设施

在主要交通要道、竖井、斜井、涌水较大的抽水站、高压变电站等重要地点，应设事故照明装置以保证安全

2. 新光源照明

普通光源一般使用的是白炽灯或荧光灯管，优点是价格低，使用方便，但其耗电量较大且亮度较弱。而采用新光源，如低压卤钨灯、高压钠灯、钪钠灯、钠铊铟灯、镝灯等，则具有以下优点：

(1)大幅度地增加施工工作面和场地的照度，为施工人员创造了一个明亮的作业环境，可保证操作质量。

(2)安全性能好。

(3)节电效果明显。

(4)使用寿命长、维修方便,减少电工的劳动强度。

新光源洞内外照明布置要求见表6-2。

3 新光源洞内外照明布置　　表6-2

工作地段	照明布置
开挖面后40m以内作业段	两侧用36V 500W卤钨灯各2盏(或300W卤钨灯7盏,以不少于2000W为准),灯泡距离隧道底面高4m
开挖后40~100m区段	安设2盏400W高压钠灯和2盏400W钠铊铟灯,间距约15m,灯泡距隧道底面高5m
开挖面后的100m至成洞末端	每隔40m,左右侧各安装400W高压钠灯1盏
模板台车衬砌作业段	台车前台10~15m,增设400W高压钠灯各1盏,台车上亮度不足时,增设36V 300W或500W卤钨灯
成洞地段	每隔40m安装400W高压钠灯1盏
斜井、竖井井身掌子面及喷混凝土作业面	使用36V 500W或36V 300W卤钨灯,已施工井身部分选用小功率110V高压钠灯,间距:混合井30m安装1盏,主副井每25m安装1盏
洞外场地	每隔200m安装高压钠灯1盏

三、安全用电

每一个建筑工地都必须坚持安全、文明施工的规章制度,把安全、卫生放在第一位。安全用电是地下工程施工的一个重点检查内容。

安全用电是保证人身安全和高速度、高质量完成施工任务的重要措施之一。防止触电事故,主要依靠健全的规章制度和完善的技术措施。常用的技术措施有:采用绝缘、屏护遮拦、保证安全距离;采用保护接零;采用安全电压等。

1. 安全作业要求

有关安全作业,除应遵守电工安全作业规程外,重点应注意以下几点:

(1)线路及接头不许有裸露,要经常检查,发现裸露应立即包扎。

(2)各种过电流保护装置不应加大其容量,不能用任何金属丝代替熔丝。

(3)电工人员操作时必须戴绝缘手套和穿绝缘胶鞋。

(4)在需要触及导电部分时,必须先用测电器检查,确认无电后,才能开始工作,并事先将有关的开关切断封锁,以防误合闸。

(5)一切电器设备的金属外壳或构架都必须进行妥善接地。

2. 接地

在隧道施工中需要接地的设施有:与电机连接的金属构架、变压器外壳、配电箱外壳、起动器外壳、高压电缆的金属外皮、低压橡胶套电缆的接地芯线(即连接变压器中性点的中性线)、风水管路、轨道及洞内临时装设的金属支架等。

接地是由高压电缆外皮和低压电缆的接地芯线以及所有明线架设的中性线连接成一个总的接地网络,在网络上分别连接上述需要接地的设施,构成一个具有多处接地装置的接地系统。不同高压供电的隧道,应在400/230V进线端设置中心接地装置。

第二节　地下工程给排水

地下工程在施工和使用阶段用水的水质和水量不同，生产和生活污水排放方式也不同，为此分开加以说明。

一、施工阶段给排水

由于凿岩、防尘、灌注衬砌及混凝土养护、洞外空压机冷却等工作都需要大量用水，如钻孔灌注桩，连续墙开挖护壁泥浆循环用水，泥水盾构渣土分离设备用水等，施工人员的生活也需要用水，因此要设置相应的供水设施。施工供水主要考虑水质要求、水量的大小、水压及供水设施等几个方面的问题。给排水管顶进施工如图6-3所示。

图6-3　给排水管顶进施工

1. 水质要求

凡无臭味、不含有害矿物质的洁净天然水，都可以作为施工用水，饮用水的水质则要求更为新鲜清洁。无论生活用水还是施工用水，均应做好水质化验工作。参照国家水质标准，施工用水水质要求见表6-3，生活饮用水卫生标准见表6-4。

施工用水水质要求　　表6-3

用水范围	水质项目	允许最大值
混凝土作业	硫酸盐含量	不大于1000mg/L
	pH值	不得小于4
	其他杂质	不含油、糖、酸等
湿式凿岩与防尘	细菌总数	在37℃培养24h每毫升不超过100个
	大肠菌总数	每升水中不超过3个
	浑浊度	不大于5mg/L，特殊情况不大于10mg/L

生活饮用水卫生标准

表 6-4

项　　目	允 许 最 大 值
色度	不大于 20℃,应保证透明和无沉淀
浑浊度	不大于 5mg/L,特殊情况下(暴雨洪水)不大于 10mg/L
悬浮物	不得有肉眼可见水生物及令人厌恶的物质
嗅和物	在原水或煮沸后饮用时不得有异臭和异味
细菌总数	在 37℃培养 24h 每毫升不超过 100 个
大肠菌总数	每升水中不得超过 3 个
总硬度	不大于 8.9mg—当量/L(25℃)
铅含量	不大于 0.1mg/L
砷含量	不大于 0.05mg/L
氧化物含量	不大于 1.5mg/L
铜含量	不大于 3.0mg/L
锌含量	不大于 5.0mg/L
铁总含量	不大于 0.3mg/L
pH 值	6.5 ~9.5
余氯含量	加氯消毒时,水中不得产生氯臭、酚臭
余氯含量	水池附近游离含量不小于 0.3mg/L,管路末端不小于 0.05mg/L

2. 用水量估算

(1)施工用水

施工用水与工程规模、机械化程度、施工进度、人员数量和气候条件有关,因而用水量的变化幅度较大,很难估计准确。一般根据以往经验估计。

(2)生活用水

随着隧道及地下工程施工工地卫生要求的提高,生活设施(如洗衣机等)配置很多,耗水量也就相应增多。因而生活用水量也有一定的变化,但幅度不大,一般可按下列参考指标估算:生产工人平均 0.1 ~0.15m^3/d;非生产工人平均 0.08 ~0.12m^3/d。

(3)消防用水

由于施工工地住房均为临时用房,相应标准较低,除按消防要求在设计、施工及临房布置等方面做好防水工作外,还应按临时建筑房屋每 3000m^2 消耗水量 15 ~20L/s、灭火时间为 0.5 ~1.0h 计算消防用水储备量,以防不测。

3. 供水方式及供水设备

(1)供水方式

供水方式主要根据疏远情况而确定。常用水源有:山上泉水,河水和钻进取水。上述水源自流引导或机械提升到蓄水池存储,并通过管路送达使用地点。个别缺水地区,则用汽车运水或长距离管路供水。

(2)供水设备

①储水池

储水池一般建在洞口附近上方,但应避免设在隧道上或其他可危及隧道安全的部位,其高差应能保证最高用水点的水压要求。当采用机械或部分机械提升时,应备有抽水机。

②水泵与泵房

根据扬程及选用的钢管直径可选择合适的水泵。常用水泵有单级悬臂式离心水泵和分段式多机离心水泵,其规格、性能可查阅有关手册。

临时抽水泵房的要求,可按临时房屋的有关规定办理。水泵在安装前,应按图纸检查基础的位置,预留管道孔洞等各部分尺寸是否符合要求,水泵底座位置经校核后,方能灌注水泥砂浆并固定地脚螺栓。

4. 供水管布置

(1)管道敷设要求平顺,短直且弯头少,干路管径尽可能一致,接头严密不漏水。

(2)管道沿山顺坡敷设悬空跨距大时,应根据计算来设立支柱承托,支撑点与水管之间加木垫;严寒地区应采用埋置或包扎等防冻措施,以防水管冻裂。

(3)水池的输出管应设总闸阀,干路管道每隔300~500m应安装一个闸阀,以便维修和控制管道。管道闸阀布置还应考虑一旦发生管道故障(如断管)能够暂时由水池或水泵房供水的布置方案。

(4)给水管道应安设在电线路的异侧,不应妨碍运输和行人,并设专人负责检查养护(可与压风管道共同组织一个维修、养护工班)。给水排水管施工如图6-4所示。

图6-4 给排水管施工

(5)管道前端至开挖面,一般保持的距离为30m,用直径50mm高压软管接分水器,中间预留异径三通,至其他工作面供水使用软管(ϕ13mm)连接,其长度不宜超过50m。

(6)如利用高山水池,其自然压头超过所需要水压时,应进行减压,一般是在管路中段设中间水池作过渡站,也可直接利用减压阀来降低管道中水流的压力。

5. 施工阶段排水

施工工地产生大量废水和生活污水。生产废水主要为地下工程开挖土体中渗漏水，连续墙施工沉淀池中泥浆水，盾构机泥浆泵送出的泥水，施工机械冲洗水。这些水不及时排除，影响开挖土体的稳定性。当需要使用井点降水疏干基坑加固地基时，更要有大量的地下水抽出并向外排出。尽量利用当地排水系统，将施工废水及时沉淀处理后排入当地水网系统。工地范围内建立排除废水管网，特别是汛期，低洼地施工，一定要有足够排除积水的设备和管道或沟渠。施工期间生活污水要经过处理，达到排放标准后排入城市污水管道系统。

二、使用阶段的给排水

地下工程使用阶段满足运营及生活用水，同时考虑消防用水。其排水系统主要排除地下工程渗漏水、生产废水和生活污水。这里以地下铁道工程给排水设施为主加以介绍，其他类型地下工程可以用作参考。给水系统的主要任务是满足地下铁道生产、生活用水。生产用水包括车站公共区域地坪等冲洗用水、车站设备用房洗涤盆用水、空调冷冻机循环用水和冷却循环系统的补充水。生活用水主要指车站工作人员使用的卫生间、茶水室等用水。排水系统应及时排除生产废水和生活污水、地下工程渗漏水、事故消防废水及敞口式入口部分的雨水等，以满足地铁安全运营的要求。

1. 给水排水设计原则和依据

(1)遵循节约用水和综合利用的原则。

(2)给水系统设计必须满足车站生活与生产对水量、水质和水压的要求。

(3)车站所有用水水源均采用城市自来水，不设备用水源。

(4)水泵等给排水设备的选型，应本着尽可能采用国产设备，采用技术先进、安全可靠、经济合理和高质量的产品精神。

(5)生活饮用水水质必须符合国家现行生活饮用水卫生标准；排入市政地下水道的污、废水，其主要水质必须符合有关市政接管水质标准。

(6)水泵按照常规设计，设置可曲挠橡胶接头、阀门、止回阀等。水泵基础设置减振装置。

(7)管道从出入口、风道或专用通道进出车站，不能随意穿侧墙(连续墙)。

2. 给水系统

地铁车站的生产、生活给水管网是独立的内部供水系统，从两根接自市政管网的消防进水管中的任一根接出生产、生活给水管，单独设置水表后，进入车站，成枝状布置。保证车站生产、生活用水的水质、水量和水压。车站还设开水间，内设电加热开水器，以满足车站职工的饮水需要。

(1)设计参数

①工作人员生活用水 50L/人·班，时变化系数采用 2.5 ~ 3.0。

②冷却水系统补充水按循环水量(环控专业提供)的 2% ~ 3% 计，一般取 2%。

③冲洗水量为 2 ~ 4L/m^2·次，一般采用 3L/m^2·次，每天冲洗一次，按冲洗 1h 计。

(2)用水量

车站生产和生活用水按照用水量标准计算，表 6-5 为上海轨道交通明珠二期工程某地铁车站的用水量计算。

用水量计算表　　表6-5

序号	用水项目	估计人数	用水量标准	时变化系数	最高日用水量（m^3/d）	最大时用水来量（m^3/d）
1	生活用水	75人	50L/人·班	2.5	4	1
2	冲洗水	1次/日	3L/m^2·次		10	10
3	冷却塔补充水		2%		90	5
4	未预见水量		10%		11	2
5	合计				15	18

（3）水压力

地铁车站绝大多数是地下建筑，以上海为例城市管网地面自由水压力为0.1～0.2MPa，可以满足地铁生活和生产用水要求。因此，凡地下车站，一般均无须设置生活和生产用水加压泵。

3.排水系统

排水系统采用分流制。分为污水、废水、雨水系统。原则上采用分类集中，经泵提升经压力窨井后，除污水经化粪池处理外，均就近排入市政下水道。其水质必须符合有关排放标准。

（1）排水量

工作人员生活排水量50L/人·班，随时变化系数采用2.5～3.0；冲洗水排水量以3L/m^2·次计，结构渗水量按1L/m^2·d计。消防废水量与消防用水量相同。

（2）污水系统

污水仅为车站工作人员厕所所有卫生器具排水。站内厕所污水通过管道排入污水泵房内的污水集水池，其有效容积不大于6h污水量，集水池底面设0.1的坡度坡向集水坑，集水坑顶板上设有透气管并要求环控专业在泵房内设置排风口。污水集水池设在厕所附近且在污水泵房内，污水泵水管上安装回流冲洗管，以便冲洗污水集水池。污水经潜水排污泵抽至室外压力窨井，进入化粪池处理后排入城市下水道。例如，地铁明珠二期工程某车站污水泵采用潜水排污泵AV5.5型，$Q=30m^3/h$，$H=20m$，$N=5.5kW$，一备一用。

（3）废水系统

车站废水种类：隧道结构渗水，站厅、站台地面冲洗水，环控机房和各类排水泵房洗涤盆排水以及消防废水。我国地下铁道设计规范规定，泵站集水井有效容积不小于10min的隧道结构渗水量和消防废水量之和，且不小于30m^3。

上海地铁1号线设计中，在站厅和站台层，每隔一定距离就设置一个DN32的冲洗给水栓。但1号线投入运转后发现，不需要设置很多冲洗给水栓，仅在站厅和站台层公共区的两端各设一个DN25的冲洗给水栓，长度大于20m的出入口通道内设置一个冲洗栓，污、废水泵房内分别设置冲洗龙头。

站厅和站台的地面冲洗废水、消防废水由设在站厅和站台的地漏汇集，引入线路道床排水沟，但在上海2号线和明珠二期设计中站台层取消地漏，直接从站台溢出两边线路道床明沟。茶水间废水通过排水管道排入线路道床明沟。出入口通道和站厅连接处设置横截沟，沟内设置 DN100 地漏,其排水立管接至道床排水明沟。隧道结构渗水经侧墙泄水孔排入线路道床明沟,汇集至有效容积不小于 $30m^3$ 的废水集水池(池内设吸水坑,池底以不小于 1% 的坡度向吸水坑),由废水泵房的潜水泵提升至室外压力窨井,然后排入城市下水道。

废水泵房一般设置两台泵,一备一用。例如:上海地铁 2 号线采用 CP3152 型潜水废水泵,$Q = 100m^3/h$,$H = 22m$,$N = 15kW$。但当地铁车站靠近河滨时,废水泵房中设置 3 台泵,以防水灾事故。上海地铁 1 号线的新闸路车站和黄陂路站,分别位于苏州河的两旁,两站废水泵房内均设 3 台泵,按两用一备设计。潜水废水泵出水管上均安装了回流冲洗废水集水池的管道。

(4)雨水系统

车站敞开式出入口的设计雨水量按照 50 年一遇的暴雨重现期计算,高架区间雨水设计重现期采用 4 年。敞开式出入口的自动扶梯下面设集水坑和雨水排出潜水泵,一备一用。集水坑的有效容积不小于最大一台泵 5min 流量。泵提升雨水经压力窨井后,再排入市政雨水管道系统。

(5)排水泵房

①主排水泵房

在车站及线路边坡的最低点设排水泵房,主要排除结构漏水、事故消防水及冲洗废水等。排水泵的排水能力除位于黄浦江和苏州河下的区间另增设 1 台泵,在非正常情况下,3 台泵同时工作外,其余排水泵房内均按消防时两台泵同时使用设计。

②局部排水泵房

局部排水泵房设在局部低洼不能自流排水的地方。例如,设在地铁折返线车辆检修槽的端部和自动扶梯机房等处。集水池有效容积按不小于 10min 渗水量与平时冲洗废水量之和确定。

4. 冷却循环水系统

冷却循环水系统主要由冷却塔、循环水泵、补充水和管道及配件组成。冷却循环水系统工作原理如图 6-5 所示,实物图如图 6-6 所示。

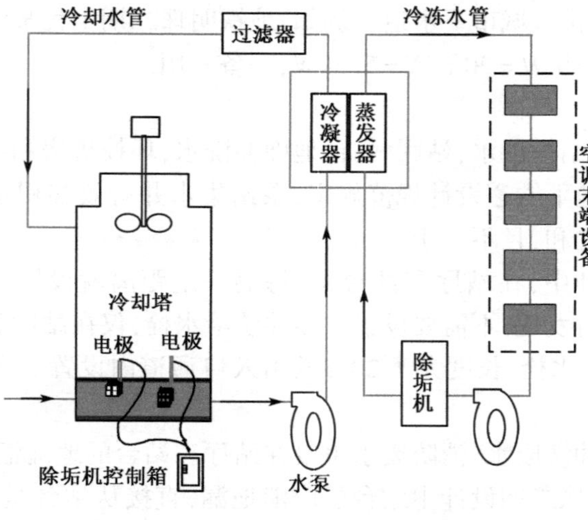

图 6-5 冷却循环水系统工作原理

图6-6　冷却循环水系统实物图

根据环控专业提供的冷冻机组所需循环水量和表6-6所示的冷却塔规格数据要求选择节能、低噪声(≤68dB)、高效率的冷却塔,大部分均选用逆流开式玻璃钢冷却塔。以冷却塔为主的冷却循环水系统,冷却塔台数与冷却循环泵台数对应,一般至少两台,不考虑备用。从生产、生活给水管上引出一根支管作为冷却循环补充用水,接至冷却塔。循环泵采用IS型。

冷却塔选择规格数据表　　表6-6

大气压力(Pa)	进塔水温(℃)	出塔水温(℃)	干球温度(℃)	湿球温度(℃)
1.004×10^5	37	32	31.5	28

5. 控制方式与要求

(1)废水和污水水位控制

控制原则:现场水位自动控制、手动控制;车站控制室集中控制,并在控制室内设显示排水泵工作状态和水位信号装置。

车站集水池水位控制:停泵水位、第一台泵启动水位和第二台水泵启动水位及最高警戒水位。

车站污水池水位控制:停泵水位、开泵水位和最高警戒水位。

(2)区间内排水泵房及洞口雨水泵房控制

除控制系统外,一般设置最高警戒水位的自动报警装置,以便在自动启动失灵时报警到附近车站的防灾控制室。

(3)冷却循环控制系统

其控制方式与环控冷冻机同步,由环控电控室就地控制和车站控制集中控制,并能在控制室显示设备的工作状态。

6. 管材与连接方式

(1)生产、生活给水管道。管径小于等于DN100,采用给水塑料管,承插接头;大于

DN100,采用镀锌复合钢管沟槽式连接。由于上海地铁 1 号线于 1987 年开始设计,管径小于等于 DN100,采用镀锌钢管,螺纹连接;大于 DN100,采用无缝钢管,法兰连接或焊接。

(2)排水管道。站内地漏、卫生间等重力排水管采用排水塑料管;废水泵、污水泵和出入口排水泵压力排出管采用无缝钢管,焊接连接,并做防腐处理;室外埋地排水管地铁 1 号线和 2 号线均采用混凝土管,明珠二期采用加筋 UPVC 管。

(3)管道保温。室外明露的给水管道包括冷却塔循环水、补充水管道,须保温。室内公共区吊顶层和管理用房吊顶层内的给水管,为了防止管道结露导致滴水,须保温。

7. 人防给水排水

上海地铁 1 号线设计未考虑人防要求,但从 2 号线开始,地铁车站均进行人防设计。

战时水箱容量每人每天 4L,保障给水天数 15d,一般车站设 24t 水箱两只。水箱采用食品级玻璃钢水箱,每个水箱设 5 只给水龙头。水箱水源从车站内的给水管上接入,水箱排水管至水箱附近的地漏,地漏排向废水泵房,由废水泵房内的泵提升至室外排水管网排出。

所有进出地铁的给水管、消防管、循环冷却水管、压力排水管进出车站时,均在车站内侧设一道压力不小于 1MPa 的阀门(防爆波),阀门设在便于操作处,并用色漆涂明显标志。平时,可不安装防爆波闸阀,在相应位置设置同直径同长度短管。临战前换装防爆波闸阀。在穿越出口墙壁时将预埋防水套管。

出入口处利用自动扶梯排水集水井作为洗消水井。每个出入口设一个清扫口作为洗消排水口,收集洗消污水排向洗消污水集水井,洗消污水排水系统由人防工程专业队伍设计施工。

地铁每个出口通道一侧设一供墙面和地面冲洗用的水龙头,冲洗水管从消防水管给水管上接出。

人防给水管、洗消排水管采用镀锌钢管丝扣连接。

第三节 地下工程的通风与环境控制系统

一、地下工程施工阶段通风与防尘

1. 通风

隧道施工通风的目的是供给洞内足够的新鲜空气,稀释并排除有害气体和降低粉尘浓度,以改善劳动条件,保障作业人员的身体健康。

1)隧道施工作业环境

隧道施工中,由于炸药爆炸,内燃机械的使用,开挖时地层中放出有害气体,以及施工人员呼吸等因素,使洞内空气十分污浊,对人体健康的影响较为严重。因此,在隧道内必须尽量降低有害气体的浓度,同时对其他不利于施工的因素如噪声、地热等也进行控制。按照有关规定,隧道施工作业环境必须符合下列卫生标准:

(1)坑道中氧气含量:按体积计,不得低于 20%。

(2)粉尘允许浓度:每立方米空气中含10%以上的游离二氧化硅的粉尘为2mg;含10%以下游离二氧化硅的水泥粉尘为4mg,二氧化硅含量在10%以下,不含有毒物质的矿物性和动植物性的粉尘为10mg。

(3)有害气体浓度:

①一氧化碳(CO)。不大于30mg/m³;当作业时间短暂时,一氧化碳浓度可放宽。作业时间在1h内为50mg/m³,在0.5h以内为100mg/m³,在15~25min内为200mg/m³,在上述条件下反复作业时,两次作业时间间隔必须在2h以上。

②二氧化氮(NO_2)。氧化物换算成二氧化氮应在5mg/m³以下。

③二氧化碳(CO_2)。按体积计,不得超过0.5%。

(4)瓦斯(CH_4)浓度。按体积计不得大于0.5%,否则必须按煤炭工业部《煤矿安全规程》(2016版)的规定办理。

(5)洞内工作地点的空气温度,不得超过30℃(铁路规定不得超过28℃)。

(6)洞内工作地点噪声,不宜大于90dB。

2)通风方式

施工通风方式应根据隧道的长度、掘进坑道的断面大小、施工方法和设备条件等诸多因素来确定。在施工中,有自然通风和强制机械通风两类,其中自然通风是利用洞室内外的温差或风压差来实现通风的一种方式,一般仅限于短直隧道,且受洞外气候条件的影响极大,因而完全依赖于自然通风的洞室是较少的,绝大多数隧道均应采用强制机械通风。

(1)机械通风方式分类

机械通风方式(图6-7),可分为管道通风和巷道通风两类。而管道通风根据隧道内空气流向的不同,又可分为压入式、吸出式和混合式三种。

这些方式根据通风风机(以下简称风机)的台数及其设置位置,风管的连接方式又分为集中式和串联(或分散式)式;根据风管内的压力分为正压型和负压型。

图6-7　机械通风设备

巷道式通风方式(图6-8)是利用隧道本身(包括成洞、导坑及扩大地段)和辅助坑道(如平行导坑)组成主风流和局部风流两个系统互相配合而达到通风目的。以设有平行导坑的隧道为例来说明组成一个风流循环系统的条件。在平行导坑的侧面开挖一个通风洞,通风洞口安装主通风机,平导洞口设置两道风门,除最里面一个横通风道作风流通道外,其余横通道全部设风门或砌筑堵塞。当主通风机向外抽风时,平导内就产生负压,洞外新鲜空气就向洞内补充，由于平导口及横道全部风门关闭或砌堵，新鲜空气只得由正洞进入，直至最前端横通道，带动污浊气体经平导进入通风洞排出洞外，形成循环风流。

图 6-8　巷道式通风

另外，巷道通风还有风墙式、通风竖井、通风斜井、横洞等。但随着我国独头掘进技术的提高，开挖断面大，通风方式更趋向于采用大功率、大管径的压入式通风。秦岭隧道Ⅱ线平导，开挖断面为 $28m^2$，独头掘进 9.5km。通风设计分两个阶段，第一个阶段采用 PF-110SW55 型风机，ϕ1.3m 的 PVC 塑布软风管的单机压力式通风，通风长度可达 6km；第二阶段在 4.5 ~ 5km 处设通风站，采用混合式通风，总通风长度可达 10km。充分说明压入式通风方式的优点。

(2)通风方式的选择

通风方式应针对污染源的特征，尽量避免成洞地段的第二次污染，且应有利于快速施工。因而在选择时应注意以下几个问题：

①自然通风因其影响因素较多，通风效果不稳定且不易控制，故除短直隧道外，应尽量避免采用。

②压入式通风能将新鲜空气直接输送至工作面，有利于工作面施工，但污浊空气将流经整个坑道。若采用大功率、大管径，其适用范围较广。

③吸出式通风的风流方向与压入式相反，但其排烟速度慢，且易在工作面形成炮烟停滞区，故一般很少单独使用。

④混合式通风集压入式和吸出式的优点于一身，但管路、风机等设施增多，在管径较小时可采用，若有大管径、大功率风机时，其经济性不如压入式。

⑤利用平行导坑作巷道通风，是解决长隧道施工通风的方案之一，其通风效果主要取决于通风管理的好坏。若无平行导坑，如断面较大，可采用风墙式通风。

⑥选择通风方式时，一定要选用合适的设备——通风机和风管，同时要解决好风管的连接，尽量降低漏风率。

⑦搞好施工中的通风管理，对设备要定期检查，及时维修，加强环境监测，使通风效果更加经济合理。

2. 防尘

在隧道施工中，由于钻眼、爆破、装渣、喷混凝土等原因，在洞内浮游着大量的粉尘，这些粉尘对工作人员的身体健康危害极大。特别是粒径小于10μm的粉尘，极易被人吸入，或沉附于支气管中，或吸入肺泡，隧道施工人员常见的矽肺病就是因此而形成的。此疾病难治愈，病情严重时会使肺功能完全丧失而死亡。

目前，在隧道施工中采取的防尘措施是综合性的。即湿式凿岩，机械通风，喷雾洒水和个人防护相结合，综合防尘。

(1)湿式凿岩

湿式凿岩(图6-9)，就是在钻眼过程中利用高压水湿润粉尘，使其成为岩浆流出炮眼，可防止岩粉的飞扬。根据现场测定，这种方法可降低粉尘量80%。目前，我国生产并使用的各类风钻都有给水装置，使用方便。

图6-9　湿式凿岩

对于缺水、易冻害或岩石不适于湿式钻眼的地区，可采用干式凿孔口除尘，其效果也较好。

(2)机械通风

施工通风可以稀释隧道内的有害气体浓度，给施工人员提供足够的新鲜空气，同时也是防尘的基本方法。因此，除爆破后需要通风外，还应保持通风的经常性，这对于消除装渣运输中产生的粉尘是十分必要的。

(3)喷雾洒水

喷雾一般是爆破时实施的，主要是防止爆破中产生粉尘过大。喷雾器分为两类：一种是风水混合喷雾器，一种是单一水力作用喷雾器。前者是利用高压风将流入喷雾器中的水吹散而形成雾粒，更适合于爆破作业时使用。后者则无须高压风，只需一定的水压即可喷雾，且这种喷雾器便于安装，使用方便，可安装于装渣机上，故适合于装渣作业时使用。喷雾洒水防尘如图6-10所示。

洒水是降低粉尘浓度的简单而有效的措施，即使在通风较好的情况下，洒水降尘仍然需要。因为单纯加强通风，还会吹干湿润的粉尘而使其重新飞扬。对渣堆洒水必须分层洒透，一般每吨岩石洒水的耗水量为10～20L，如果岩石湿度较大，水量可适当减少。

图 6-10　喷雾洒水防尘

(4)个人防护

对于防尘而言,个人防护主要是佩戴防护口罩,在凿岩、喷混凝土等作业时还要佩戴防噪声的耳塞及防护眼镜等。

二、地下工程使用阶段通风及环境控制

评价地下建筑空气环境的指标有舒适度和清洁度。其中温度、湿度、二氧化碳的含量等是衡量空气冷热、干湿和清洁程度的主要指标。人体适宜的温度范围为16~27℃,夏季偏高,冬季偏低,室内相对湿度的舒适值为40%~60%。

地下工程周围被具有较好热稳定性的岩土包围,因而在地表下一定深度的地温趋于稳定,不再受大气温度的影响。如日本东京地表以下7m,年平均地温稳定在15.5℃左右;我国地表下8~10m处地温也基本稳定,长江流域为17℃左右,长江以南各省达到20℃或更高,华北地区为16℃左右,东北地区为10℃左右。由于地下建筑周围稳定温度场存在,将引入的地上空气温度调节到适宜温度比地面容易,这也就是地下建筑节能的主要原因之一。

地下建筑中温湿度环境和气流速度虽都能达到舒适度的指标,但人在此环境中停留较长时间后,仍出现头晕、烦闷、乏力,记忆力下降等不适现象,这与空气中负氧离子数量不足有关。据有关实验资料,当负氧离子浓度达到1000个/cm^3时,人体的新陈代谢活动非常活跃,体力和精神处于最佳状态。当负氧离子浓度小于25个/cm^3时,人体正常生活活动将会发生障碍,以致出现各种不适症状。在地下工程的通风系统中增加负氧离子发生器,从而增加空间负氧离子含量是提高地下工程环境舒适度的有效手段。

空气的清洁度主要由氧气、二氧化碳和一氧化碳三种气体含量来衡量确定。氧的含量在正常情况下应为21%(体积比)左右,降到10%以下时会使人出现头晕、气短、脉搏加快等现象,5%为维持生命的最低限度。根据每人每小时需吸入氧气0.018m^3,按室内人数多少,即可确定所需的新风量;一氧化碳是一种有害气体,日本环卫标准规定空气中一氧化碳含量不超过

$1/10^5$,美国规定环境中不超过 $5/10^5$,工作时间在1h以内可允许提高到 $1/10^4$;二氧化碳本身是无害气体,但室内二氧化碳浓度升高超过3%后,将使人感到头疼,呼吸急促,影响体内的酸碱平衡。二氧化碳的浓度的极值为7%~9%,在达到18%以上时,人在几个小时内死亡。日本规定最高不超过0.1%,我国一项研究成果表明地下建筑中二氧化碳浓度的建议标准为0.07%~0.15%,最高不超过0.2%。人对二氧化碳浓度升高的不适感,往往与含氧量减少的不适感同时发生,因此加强通风保证所需要新鲜空气量,可同时解决这两项要求。如含氧量为17%,二氧化碳为0.5%,则每人每小时需新鲜空气4.74m^3。

在各类地下工程中,地下铁道对于通风及环境控制要求更高,设备系统较为复杂。地下铁道是一座狭长条形地下工程,除各车站出入口,通风道口与大气沟通外,可以认为地下铁道与大气隔绝。由于列车运行,乘客交换等会散发大量热量,空气温度高,且有有害气体产生;若不及时排除,隧道和车站温度会升高,乘客将无法忍受,因此必须建立通风系统才能给乘客创造一个舒适的环境。

当列车因非火灾事故阻塞在区间隧道时,因为没有活塞效应,停留在车厢内的乘客和向安全地点疏散的乘客,会因为没有足够的新鲜空气而难以忍受。因此在维持车厢内空调正常运行时,需要通风系统为出事地点送排风。

1.地铁环境控制特点

(1)地铁工程内部有四个要求不同的环境

①地铁车站的站厅和站台。

②地铁车站内的管理用房和设备用房。

③区间隧道。

④车厢内。

四个不同的环境所要控制的温度、湿度也不一样。通常站厅、站台可作为过渡区,而车厢和管理用房作为舒适区来考虑。区间隧道可由事故风机在夜间抽压风来解决排热问题。

(2)地铁环境控制主要特点

①地下铁道的车站和区间隧道除出入口(地面线和高架线除外)等极少部位与外界相连通外,基本上与外界隔绝,只有营造人工气候环境才能满足乘客的要求。

②由于地铁需要不分昼夜地照明,因此车站和车厢的照度、色调、装饰和布置都成为影响乘客心理的重要因素。

③列车各种设备的运行和乘客都将释放出大量的热,若不及时排除,将使车站和区间的温度上升,使乘客在此环境中难以忍受。

④地下铁道是狭长的地下建筑物,列车及各种设备的运行产生的噪声不易消除,对乘客的影响较大。

⑤地铁列车运行时产生"活塞效应",若不能合理应用,会干扰车站的气流组织,使乘客感到不舒适,并影响车站的负荷。

⑥当事故发生,尤其是发生火灾事故时,将导致环境恶化,不易救援,要采取有效措施。

由此可见,要建立一个能满足乘客、工作人员生理和心理要求的空气环境,是一项复杂的系统工程,包括环境中空气的温度、湿度、空气流动速度、空气质量和环境照度、色调、装饰、布置以及噪声控制、安全措施等诸多因素。

通风、空调的任务是采用人工的方法，创造和维持一定要求的空气环境。包括空气的温度、湿度、空气流动速度和空气品质。当列车阻塞在区间隧道内时，能维持车厢内乘客短时间能接受的环境条件；当地铁发生火灾事故时，能提供有效的排烟手段，给乘客和消防人员输送足够的新鲜空气，形成一定的风速，引导乘客迅速撤离现场。

2. 地铁环控系统分类

地铁环控系统一般分为开式系统、闭式系统和屏蔽门式系统。根据使用场所不同、标准不同又分为车站环控系统、区间隧道环控系统和车站设备管理用房环控系统。

(1)开式系统

开式系统是应用机械或“活塞效应”的方法使地铁内部与外界交换空气，利用外界空气冷却车站和隧道。这种系统多用于当地最热月平均温度低于25℃且运行量较小的地铁系统。

①活塞通风

当列车的正面与隧道断面面积之比(称为阻塞比)大于0.4时，由于列车在隧道中高速行驶，如同活塞作用，使列车正面的空气受压，形成正压，列车后面的空气稀薄，形成负压，由此产生空气流动。利用这种原理通风，称之为活塞效应通风。

活塞风量的大小与列车在隧道内的阻塞比、列车行驶速度、列车行驶空气阻力系数、空气气流经隧道的阻力等因素有关。利用活塞风来冷却隧道，需要与外界有效交换空气，因此对于全部应用活塞风来冷却隧道的系统来说，应计算活塞风井的间距及风井断面的尺寸，使有效换气量达到设计要求。全“活塞通风系统”只在早期地铁应用，现今建设的地铁设置活塞通风与机械通风的联合系统。

②机械通风

当活塞式通风不能满足地铁排除余热与湿温的要求时，要设置机械通风系统。根据地铁运营系统的实际情况，可在车站与区间隧道分别设置独立的通风系统。车站通风一般为横向的送排风系统，区间隧道一般为纵向的送排风系统。这些系统应同时具备排烟功能。区间隧道较长时，宜在区间隧道中部设中间风井。对于当地气温不高，运营量不大的地铁系统，可设置车站与区间连成一起的纵向通风系统，一般在区间隧道中部设中间风井，这一般由计算确定。

(2)闭式系统

闭式系统使地铁内部基本上与外界大气隔绝，仅供给满足乘客所需的新鲜空气量。车站一般采用空调系统，而区间隧道的冷却是借助于列车的“活塞效应”携带一部分车站空调冷风来实现。上海地铁1号线和2号线都属于这种环控系统。

闭式系统多用于当地最热月平均气温高于25℃、运营较大、高峰时间每小时的列车运行对数和每列车车辆数的乘积大于180的地铁系统。

(3)屏蔽式系统

在车站的站台与行车隧道间安装屏蔽门，将其分隔开。车站安装空调系统，隧道用通风系统(机械通风或活塞通风，或两者兼用)。若通风系统不能将区间隧道的温度控制在允许值以内时，应采用空调或其他有效的降温方法。

安装屏蔽门后，车站成为单一的建筑物，它不受区间隧道行车时活塞风的影响。车站的空调冷负荷只需计算车站本身设备、乘客、广告、照明等发热体的散热。此时屏蔽门系统的车站空调冷负荷仅为闭式系统的22%～28%，且由于车站与行车隧道隔开，减少了运行噪声对车站的干扰，不仅使车站环境较为安静、舒适，也使旅客更为安全。

当前，由于屏蔽门投资昂贵，屏蔽门系统未被广泛应用。

地铁通风空调系统的设计，可按上述系统之一设置，但由于气候是周期变化的，也可根据不同季节采用开式或闭式等不同的运行方式。

3. 得热量计算

地铁整个系统得热主要包括列车运行产热，围护结构传热，乘客散热，照明设备散热，接触网散热等。

(1)列车运行产热

列车运行产热的计算方法较多，一般采用过程法。列车在地铁系统内运行大致分为启动加速、稳定加速、制动加速三个阶段，三个阶段要分别以不同的热力学公式计算。列车在启动加速过程中的产热一部分是牵引功能转化为摩擦热能散发出来的；另一部分是做总驱动功(包括牵引力，列车的功能变化及位能变化)的机械效率消耗转化为热散发出来。列车匀速运动和制动运动过程产生的热也可以类似分析。列车运行的热总量是三部分之和。

(2)照明散热

车站内照明一般会给出单位面积照明负荷，区间隧道照明一般给出每米长度照明负荷，由此可以计算出光能转化为热能。

(3)人体散热

可根据乘客所处的位置，分别计算在车站和车厢内人体的散热。

(4)接触网散热

接触网的散热与流经第三轨(或加空电缆)平均电流量，第三轨和接触网的电阻有关，可由相关专业书中查取计算公式。

(5)设备散热

设备散热包括机房设备、广告栏、售检票设备、自动扶梯等。一般可根据设备的负荷及效率进行计算。

(6)围护结构土壤的传热

围护结构土壤传热过程是不稳定的传热过程，计算复杂。工程应用中是以求设备容量为目的，往往简化为稳定的传热过程计算。其计算公式复杂，本书略。

4. 防排烟系统

地下铁道发生火灾时，人员的伤亡绝大多数是被烟气熏倒、中毒、窒息所致，因此，通风排烟系统是地下铁道防灾系统的重要组成部分。

地下铁道对外连通的口部相对来说是比较少的，而且地铁隧道狭长封闭，一旦发生火灾，浓烟很难自然排除，必须设置机械排烟系统。

1)地铁排烟标准

地铁内主要分为三大防火区域，即车站的站厅和站台、区间隧道、车站备用房和管理用房。

(1)车站站厅和站台的标准。站厅和站台是乘客出入地铁并作短暂停留候车的场所，排烟量按每分钟、每立方米建筑面积 $1m^3$ 计算。防烟分区的建筑面积不大于 $7560m^3$，排烟设备耐温 150℃，持续工作 1h。

(2)区间隧道标准。区间隧道的排烟量按其流经隧道断面的流速不小于 2m/s 计算。但其流速也不应大于 11m/s，以免影响乘客疏散。排烟设备耐温 150℃，持续工作 1h。

(3)车站管理用房和设备用房标准。除了因设备特殊要求而按要求设计外，其余的地方排烟量按每分钟、每平方米建筑面积 $1m^3$ 计算。设备耐温 280℃，持续工作 30min。

2)排烟系统与运行

(1)系统设置

防排烟系统应按下述三大区域分别设置。

①站厅和站台的排烟系统。一般是与正常通风的排风系统兼用的。该系统应满足正常排风及火灾时排烟的要求。

②区间隧道的排烟系统宜用纵向一送一排的推拉式系统。排烟设施最好与平时的隧道通风兼顾。一般在车站的两个端部各设机房，一台风机对一孔隧道，两台风机互为备用，亦可并联运行。风机为可逆式轴流风机，正转可送风、反转可排烟。反转时的风量应满足排烟要求。

③设备管理用房的排烟设计是根据管理用房的要求设置的，应根据相同的使用要求划分在一个系统中，一般与平时排风系统兼用。

(2)排烟系统的运行

排烟系统的运行应根据地下铁道防灾系统的指令进行，由防灾中心统一安排。一般是根据不同的火灾地点决定不同的运行方式，具体如下：

①车站站台着火时，应在站台排烟，由站厅送风，使站台的楼梯口处形成一股由站厅流向站台的气流，其速度应大于 3m/s，乘客由站台向站厅方向撤离。

②站厅着火时，由站厅排气管排烟，站台送风，使站台保持一定的正压。一定量的新鲜空气由站厅的出入口进入站厅，乘客迎着新鲜空气流进方向，由出入口向地面撤离。

③列车在区间隧道内着火时，应尽可能将列车驶至车站，让乘客撤离。此时由该车站站端的风机排烟，并根据站台着火方式选择工作状态。一旦列车不能驶至车站，出现以下三种情况时，应采取不同的运行方式。

a. 列车头部着火时。列车因故停留在单线区间隧道内时，乘客不可能从列车侧面撤出，只能从尾部安全门进入隧道，向出站方向的车站撤离。此时由列车进站方向的事故风机排烟，由出站方向的事故风机送风引导乘客迎着新风撤离。

b. 列车尾部着火时。此时乘客的撤离方向与排烟的运行模式恰好与列车头部着火时相反。

c. 列车中部的车厢着火时。此时乘客由车头和车尾的安全门同时进入隧道。排烟方式为进站方向的事故风机送风、出站方向的事故风机排烟。从车头安全门下车的乘客迎着气流方向迅速向车站撤离。从车尾安全门下车的乘客要顺着烟气流动的方向迅速撤到连通两孔隧道的联络通道外，由联络通道进入另一孔隧道，迎着送风方向撤离。虽然有一小段路程，且乘客的撤离方向与烟气流动的方向相同，有被烟气熏倒的可能，但由于着火的初期，隧道中心区域尚未被烟气侵入，只要有组织的、争分夺秒的、争取在烟气充满隧道前撤离，就不会被烟气熏倒，否则就相当危险。

3)阻塞通风和通风空调设备

(1)阻塞通风

列车因非失火的其他故障不能正常行驶而停在区间隧道时,称列车阻塞区间隧道,此时的通风为阻塞通风。列车阻塞区间隧道,乘客被困在车厢内,等候修理或者有组织地向安全地点疏散,均需要一定时间才能完成。在这段时间内,列车内的乘客仍在散发大量的热。由于列车停止行驶,失去了活塞效应通风,区间隧道的空气温度因而上升,有时高达41℃,致使车厢内空调机也难以运行,车厢内的温度迅速升高,乘客在车厢内感到闷热难受,为此应设置阻塞通风系统,给阻塞地点送排风,及时降低区间隧道的温度。阻塞通风的风量按其流经隧道断面的流速不小于2m/s计算;在闭式运行的条件下,经计算若防排烟系统的风压不足以克服阻塞断面处的阻力,或因气流组织不合适时,应增加设施。当前香港地铁和广州地铁是根据不同情况采用增设推力风机或在隧道风机前设喷嘴的办法解决的。此时车站空调系统正常运行,推力风机吸入车站的空调冷风,通过喷嘴高速喷出,诱导周围的冷空气,利用贴附射流将冷空气送至阻塞地点,或隧道风机吸入车站空调风,通过喷嘴高速喷出,诱导周围的冷空气送至阻塞地点。

(2)消声器

一般在地铁活塞风道、排风道和新风道均需设置消声器,在新风机、排风机、事故风机的出风口也要设置消声器,以减少对地下建筑和地面环境的噪声污染。具体消声量应根据设备本身噪声情况,以及环境选择要求、选择消声器来决定。

(3)风亭

一般每个车站都需要设置数量不等的风亭,它是地下铁道与外界交换空气的主要渠道,进排风质量的好坏直接影响地铁环境。因此风亭的设计就显得十分重要。

地铁的进风亭应设于空气洁净的地方,任何建筑物距通风亭口部的直线距离应大于5m。当进风亭与排风亭合建时,排风口要高出进风口5m。有时由于受规划所限,风亭不能建得太高,进排风口应相距5m。

(4)隧道通风机

地下铁道隧道通风机需要风量较大,而压头较低。一般风量为40~90m^3/s,风压为800~1200Pa。同时有正风和反风的要求,多为轴流式风机。

(5)组合风门

由于地铁通风系统的风量较大、运行模式较复杂,需设置大型组合风阀来满足系统运行各种工况的要求。一般都是由多个单元阀门组合而成。

第四节　压缩空气供应

压缩空气在地下工程中应用广泛。

在隧道施工中,以压缩空气为动力的风机机具早已得到广泛的使用,常用的有凿岩机、风镐、喷混凝土机、锻钎机、压浆机、气压盾构机等。这些风机机具所需的压缩空气是由空气压缩机(以下简称空压机)生产,并通过压风管输送给风动机具的。在流砂地层,地下水又很丰富的地段，往往采用气压盾构进行隧道工程施工，这就要求有压缩空气平衡开挖面水土压力。气压沉箱则是大型桥梁基础含水地层施工的重要施工方法。

风动机具都需要在一定的风压和风量条件下进行正常工作。因此，压缩空气的供应主要应考虑供应足够的风量以及必需的工作风压，同时还应尽量减少压缩空气在管路输送中的风量和风压损失，从而达到节约能源、降低消耗的目的。

一、空压机战的生产能力

压缩空气由空压机生产供应。空压机一般集中安设在洞口附近的空压机站内。空压机站的各种风动机具取决于耗风量的大小，并考虑一定的备用系数。耗风量应包括隧道内同时工作的各种风动机具的生产耗风量和储气筒到风机机具沿途的损失。因而空压机站的生产能力(或供风能力)Q(m^3/min)可用式(6-1)来计算：

$$Q=(1+K_{备})(\sum qK+q_{漏})k_m \tag{6-1}$$

式中：$K_{备}$——空压机的备用系数，一般采用75%～90%；

$\sum q$——风动机具所需风量(m^3/min)，可查阅风动机具性能表；

$q_{漏}$——管路及附近的漏损失，其值为：$q_{漏}=\alpha\sum L$，(m^3/min)，其中，α 为每公里漏风量，平均为1.5～2.0(m^3/min)，L 为管路总长(km)；

K——同时工作系数，见表6-7；

k_m——空压机所处海拔高度对空压机生产能力的影响系数见，表6-8。

同时工作系数 表6-7

机具类型	凿岩机		装渣机		锻钎机	
同时工作台数	1～10	11～30	1～2	3～4	1～2	3～4
K	1.00～0.85	0.85～0.75	1.0～0.75	0.70～0.50	1.0～0.75	0.65～0.50

海拔高度影响系数 k_m 表6-8

海拔高度	0	305	610	914	1219	1524	1829	2134	2438	2743	3048	3658	4572
k_m	1.00	1.03	1.07	1.10	1.14	1.17	1.20	1.23	1.26	1.26	1.32	1.37	1.43

根据计算确定了空压机站的生产能力后，可选择合适的空压机和适当容量的储风筒。当一台空压机的排气量不满足供风需要时，可选择多台空压机构成空压机组。此时，为便于操作和维修，宜采用同类型的空压机，考虑到施工中风量负荷的不均匀，为避免空压机的回风空转，可选择一台较小排气量(一般为其他空压机容量的一半)的空压机进行组合。

空压机一般分为电力和内燃两类。一般短隧道采用内燃空压机，长隧道采用电动空压机。当施工初期电力缺乏时，长隧道也采用内燃空压机过渡。空压机站应设在空气洁净、通风良好、地基稳固且便于设备搬运之处，并尽量靠近洞口，以缩短管路，减少管道漏风耗损。当有多个洞口供风时，应选择在适当位置，使管路耗损尽量减少。

二、压风管道的设置

1. 管径选择

风压管的选择，应满足工作风压不小于0.5MPa的要求。空压机生产的压缩空气的压力一般在0.7～0.8MPa之间，为保证工作风压，钢管终端的风压不得小于0.6MPa，通过胶皮管输送至风动机具的工作风压不小于0.5MPa。

压缩空气在输送过程中，由于管壁摩擦、接头、阀门等产生阻力，其压力会减少，一般称压力损失。根据达西公式，钢管的风压损失ΔP（MPa）可按式（6-2）进行计算。

$$\Delta P = \lambda \frac{L}{d} \cdot \frac{V^2}{2g} \cdot \gamma \times 10^6 \tag{6-2}$$

式中：λ——摩阻系数，见表6-9；

L——送风管路长度（包括配件当量长度，见表6-10）（m）；

d——送风管内径（m）；

g——重力加速度，采用9.81m/s^2；

γ——压缩空气的容量。大气压强下，温度为0℃时，空气容重为12.9N/m^3，温度为t℃时，其容重则为$\gamma_t = 12.9 \times 273/(273 + t)$（N/m^3），此时，压力$P$的压缩空气的容量$\gamma = \gamma_t \times (P + 0.1)/0.1$（N/m^3），$P$为空压机生产的压缩空气的压力，由空压机性能可知（MPa）；

V——压缩空气在风管中的速度（m/s），根据风量和风管面积可得。

以上计算的压力损失值若过大，则选用较大管径的风管，从而减少压力损失值，使钢管末端风压不得小于0.6MPa。

风管摩阻系数λ值　　表6-9

风管内径(mm)	λ	风管内径(mm)	λ
50	0.0371	150	0.0264
75	0.0324	200	0.0245
100	0.0298	250	0.0234
125	0.0282	300	0.0221

配件折合成管路长度（单位：m）　　表6-10

钢管内径(mm) / 配件名称	25	50	75	100	150	200	300
球心阀	6.0	15.0	25.0	35.0	60.0	85.0	
闸门阀	0.3	0.7	1.1	1.5	2.5	3.5	6.0
丁字阀	2.0	4.0	7.0	10.0	17.0	24.0	40.0
异径阀	0.5	1.0	1.7	2.5	4.0	6.0	10.0
45°弯头	0.2	0.4	0.7	1.0	1.7	2.4	4.0
90°弯头	0.9	1.8	3.2	4.5	7.7	10.8	18.0
135°弯头	1.4	2.8	4.9	7.0	12.0	16.8	28.0
逆止阀		3.2		7.5	12.5	18.0	28.0

胶皮风管是连接钢管与风动机具的，由于其压力损失较大，一般应尽量缩短其使用的长度，从而保证压缩空气的工作压力不小于0.5MPa。胶皮风管的压力损失值见表6-11。

压缩空气通过胶皮风管的压力损失 表6-11

通过风量(m^3/min)	胶管内径(mm)	胶管长度(m)					
		5	10	15	20	25	30
2.5	19	0.008	0.018	0.020	0.035	0.040	0.055
	25	0.004	0.008	0.013	0.017	0.021	0.030
3	19	0.010	0.020	0.030	0.050	0.060	0.075
	25	0.006	0.012	0.018	0.024	0.040	0.045
4	19	0.020	0.040	0.055	0.080	0.100	0.110
	25	0.010	0.025	0.040	0.050	0.060	0.075
10	50	0.002	0.004	0.006	0.007	0.010	0.015
20		0.010	0.020	0.035	0.050	0.055	0.065

2. 管道安装注意事项

(1)管道敷设要求平顺，接头密封、防止漏风，凡有裂纹、创伤、凹陷等现象的钢管不能使用。

(2)在洞外地段，风管长度超过500m、温度变化较大时，宜安装伸缩器；靠近空压机150m以内，风管的法兰盘接头宜用耐热材料制成垫片，如石棉衬垫等。

(3)压风管道在总输出管道上，必须安装总闸阀以便控制和维修管道；主管上每隔300～500m应分装闸阀；按施工要求，在适当地段(一般每隔60m)加设一个三通接头备用；管道前端至开挖面距离宜保持在30m左右，并用高压软管接风器；分部开挖法通往各工作面的软管长度不宜大于50m，与分风器连接的胶皮软管长度不宜大于10m。

(4)主管长度大于1000m时，应在管道最低处设置油水分离器，定期放出管中累积的油水，以保持管内清洁与干燥。

(5)管道安装前应进行检查，钢管内不得留有残杂物和其他赃物；各种闸阀在安装前应拆开清洗，并进行水压强度试验，合格者方能使用。

(6)管道在洞内应敷设在电缆、电线的另一侧，并与运输管道有一定距离，管道高度一般不应超过运输轨道的轨面，若管径较大而超过轨面，应适当增加距离。如与水沟同侧时不应影响水沟排水。

(7)管道使用时，应有专人负责检查、养护。

思考题

1. 供电设备中变压器位置的确定应满足哪几个方面？

2. 简述给排水设计的原则和依据。
3. 地下工程施工阶段的防尘措施有哪些?
4. 试总结地铁环境控制的主要特点。
5. 地铁环境控制分为哪几类? 各自的特点是什么?

第七章　地下工程灾害与防护

第一节　灾 害 分 类

世界卫生组织将灾害定义为:“任何能引起设施破坏、经济严重受损、人员伤亡、健康状况恶化的事件,如其规模已超出事件发生社区的承受能力而不得不向社区外部寻求专门援助时,应可称其为灾害。”

灾害一般是指那些可以造成人畜伤亡和形成物质财富损毁的自然或社会事件。它们源于天体、地球、生物圈等方面以及人类自身的失误,形成超过本地区防救力量的大量伤亡和物质的损毁。一般地下工程在施工和运营期间可能发生的灾害大致可分为两大类:自然灾害和人为灾害。

一、自然灾害

自然灾害包括地质灾害(地震、火山爆发、地下毒气、海啸),地貌灾害(山崩、滑坡、泥石流、沙漠化、水土流失),气象灾害(暴雨、洪涝、热带气旋、冰雹、雷电、龙卷风、干旱、低温冷害),生物灾害(病害、虫害、有害动物),天文灾害(天体撞击、太阳活动与宇宙射线异常)等。

1. 自然灾害的成因

自然灾害是指由于自然异常变化造成的人员伤亡、财产损失、社会失稳、资源破坏等现象或一系列事件。大气圈变异活动、水圈变异活动、岩石圈变异活动、生物圈变异活动、人类活动都可以引起自然灾害。自然灾害的形成必须具备两个条件:一是要有人类破坏自然,导致自然异变作为诱因,二是要有受到损害的人、财产、资源作为承受灾害的客体。

影响自然灾害灾情大小的因素有三个:一是孕育灾害的环境(孕灾环境),二是导致灾害发生的因子(致灾因子),三是承受灾害的客体(受灾体)。

自然灾害形成的过程有长有短,有缓有急。有些自然灾害,当致灾因素的变化超过一定强度时,就会在几天、几小时甚至几分、几秒钟内表现为灾害行为,像火山爆发,地震(图7-1)、洪水、飓风、风暴潮、冰雹、雪灾、暴雨等,这类灾害称为突发性自然灾害。旱灾、农作物和森林的病、虫、草害等,虽然一般要在几个月的时间内成灾,但灾害的形成和结束比较快速、明显,所以也把它们列入突发性自然灾害。另外还有一些自然灾害是在致灾因素长期发展的情况下,逐渐显现成灾的,如土地沙漠化、水土流失、环境恶化等,这类灾害通常要几年或更长时间的发展,故称为缓发性自然灾害。

灾害的过程往往是很复杂的,有时候一种灾害可由几种灾因引起,或者一种灾害因会同时引起好几种不同的灾害。这时,灾害类型的确定就要根据起主导作用的灾因和其主要表现形式而定。

图 7-1　地震灾害图

2. 自然灾害特点

自然灾害的特点归结起来主要表现在以下 6 个方面：

(1) 自然灾害具有广泛性与区域性。

(2) 自然灾害具有频繁性和不确定性。

(3) 自然灾害有一定的周期性和不重复性。

(4) 自然灾害具有联系性。

(5) 各种自然灾害所造成的危害具有严重性。

(6) 自然灾害具有不可避免性和可减轻性。

二、人为灾害

人为灾害包括生态灾害（自然资源衰竭、环境污染、人口过剩），工程经济灾害（工程塌方、爆炸、有害物质失控），社会生活灾害（火灾、战争、社会暴力与动乱、恐怖袭击）。

人为灾害也称技术灾害，是由人们行为失控和不恰当的改造自然行为，打破了人与自然和谐的动态平衡，导致了科技、经济和社会系统的不协调而引起的灾害。它是人类认识的有限与无限，科技发展和欠发展等矛盾的必然表现形式，有时也是人和人所在的社会集团的有意行为。

人为灾害的种类有以下 6 种：

(1) 自然资源衰竭灾害。

(2) 环境污染灾害。

(3) 火灾。

(4) 交通灾害。

(5) 核灾害。

(6) 人口过剩灾害。

三、地下工程常见灾害

1. 地下工程的地震灾害

最常见的地下工程地震灾害有：洞口滑坡、崩塌，地基砂土液化，地面沉降等导致洞口或洞口附近浅埋地段损坏。其次是地下工程扭曲变形，衬砌脱落，围岩松动以及由此导致的洞内崩塌、涌水、岩爆和诱发地震等次生灾害。

地下工程同地面建筑一样，岩土体类型是决定工程震害的重要因素。据统计，基岩区可减低地震烈度 1 ~ 1.5 度，而饱水松散土区则增高 1 度。

地下工程震害随埋深增加而减轻的规律已被众多实例所证实。一般而言，埋深 50 ~ 100m，地震烈度衰减 0.5 度，埋深 100 ~ 200m，衰减 1.0 度的规律是成立的。

地震动对地下工程的影响常常因次生灾害而加重。如唐山地震中矿井烈度随埋深迅速衰减，但地震动造成围岩裂缝开张，使涌水量大增，矿井最大积水量达 166.893×10^4t，回采工作面被淹 58%，是我国煤炭工业史上最严重的水患。此外，其他次生灾害如诱发地震、岩爆等都会影响地下工程的正常使用，美国爱达荷州位于 1350m 深处和南非 3000m 深处的矿井岩爆就属于这类情况。

2. 地下工程的火灾

地下工程发生的火灾（图 7-2）主要有以下特点：

(1) 氧含量急剧下降。

(2) 产生烟气量大。

(3) 人员疏散困难。

图 7-2　德国矿业技术公司实施的电车火灾现场实验

3. 地下工程的水灾

在地下空间较长的运营期间（一般按 50 年或以上考虑），局部气象、水文和地下水环境等因素的较大变化对在规划、设计和施工阶段考虑不周的地下空间会产生如下两类不利影响：一类是大量水体瞬间向地下空间涌入造成地下空间运营系统暂时瘫痪，这一问题带有很强的突发性，并可能造成较大人员危害或财产损失，属于水灾问题，通常情况下多由地表水体或暴雨引起；另一类是区域性地下水位的回升，是一个渐变过程，孔隙水压力和浮力增加会对设计欠合理的地下结构造成不同程度的破坏，属于水害问题，当然，水害问题在一定条件下也会向水灾问题转化，如当设计欠合理的地下结构在高水头压力作用下可能出现局部破坏后，大量的地下水涌入，最终也会酿成运营期间的地下空间水灾，这种现象在地下采矿工程中常有发生(图7-3)。

图7-3　模拟井下透水事故

第二节　地下工程地震灾害防护

地震是自然界常见的一种自然灾害，是地壳运动在某些阶段发生急剧变化时的一种自然现象。地震灾害是群灾之首，给人类社会造成了巨大的损失。根据统计显示，全世界每年要发生几百万次地震。我国地处世界上环太平洋地震带和欧亚地震带两个主要地震带之间，是一个多地震国家，地震灾害占全球的二分之一。

一、地下工程地震灾害的危害

据统计，1949—2000年，中国在自然灾害造成的人口死亡数量中，地震灾害占到了54%。中国地震活动的时间分布是不均匀的，呈现出活跃与平静相间的韵律性。自20世纪以来，中国大陆及邻区地震活动已经历了4个地震活跃期，它们的时间分布分别是1897—1912年、1920—1934年、1944—1957年、1966—1976年。其中，仅1966—1976年的第四次活跃期共10年时间，我国大陆就发生了14次7级以上的地震。目前，我国进入了从1985年开始的第五次地震活跃期的中期，期间有发生多次7级乃至更强地震的可能性，甚至会出现7级以上地震连发的趋势。另外，随着地震活动的时间变化，强震区的空间分布也在发生变化。

“5·12”汶川大地震就发生在连发式地震带上(图7-4)，在这个地震带上，1933年四川茂县发生了一次7.5级地震，损失非常惨重。

二、地下工程面临的地震灾害威胁分析

地下工程主要包括人防工事、铁路和公路隧道、地下军事工程设施等。地下工程一般被认为是一种抗震性能较好的结构，但在强烈地震区、在地震断裂带或有特殊地质构造的条件下，

地下工程遭遇地震破坏的可能性还是很大的。例如，1983 年 5 月 19 日，在距上海市 150km 以外的洋面上发生里氏 6 级地震时，上海市打浦路管片隧道里出现了 5 条可见裂缝，泥水漏入隧道与竖井的结合部，经及时处理，才避免了损失。1995 年阪神地震时，神户市部分隧道也出现裂纹和剥落等破坏现象。由此可见，防范地震对地下工程的破坏是非常必要的。

图 7-4　汶川地震现场

1. 地下工程易遭地震破坏的部位

由于地下工程遭受地震破坏的事例少，故人们普遍存在着地下工程不需要防范地震破坏的错误观点。当发生地震时，由于地下工程的围护结构与周围岩土一起随地震波振动，某些部位和内部设施设备非常容易遭受破坏。

(1)地下工程出入口

地下工程出入口包括头颈部地段和出入口通道两部分，是地下工程的门户和咽喉。地下工程出入口一般处于不稳定的松散堆积体中，在地震力作用下易引起塌方。由于地下工程口部结构形式变化较多，刚度不一，在地震作用下，极易产生应力集中遭受破坏。另外，地下工程的防护门在强震作用下也会发生变形或脱离轨道，影响正常开启。

(2)地下工程转弯处和拐角处

地下工程转弯处和拐角处的结构形状和刚度变化较大，在地震作用下，易出现应力聚集导致破坏。其中，坑道转弯处、坑道横截面突变处、坑道与坑道相交处、坑道折角处等部位易遭受破坏。

(3)地下工程内部设施设备

地震发生后一般会发生火灾、坍塌、电气短路等伴生灾害和次生灾害。油库和发电机房容易引发火灾，变压器房和各种配电房间容易引起电气短路，物资器材储存间容易引起碰撞损坏。

2. 地下工程面临的潜在地震灾害威胁区域分布

我国的主要地震带分布如图 7-5 所示。

从图 7-5 中看出，“5・12”汶川大地震就发生在图中的连发式地震带上。根据统计显示，在国内外已发生的地震灾害中，在地震带上发生地震灾害的可能性很大。所以，建在地震带上的国防工程更应加强防范。

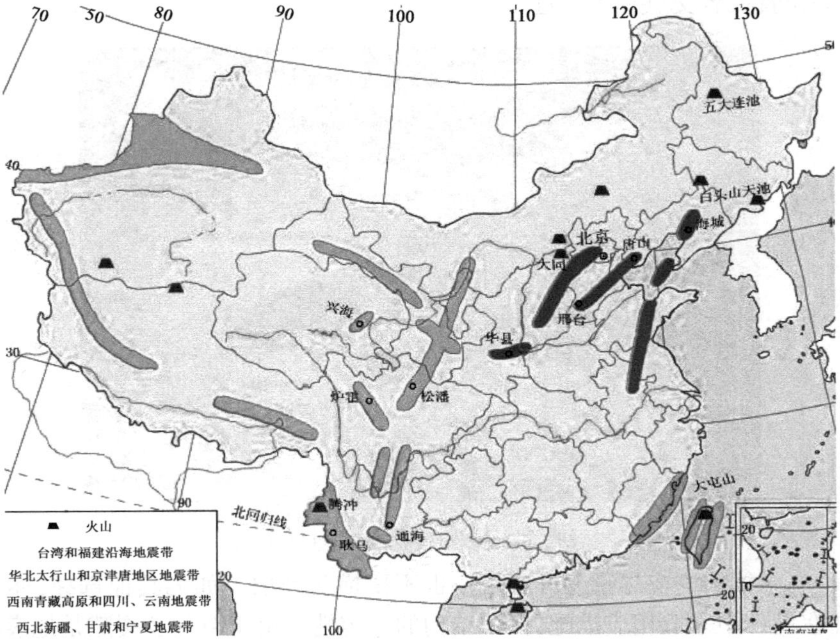

图 7-5　我国主要地震带分布图

三、地下空间工程地震灾害防护措施

地震的发生具有不可预见性，地震反应实际上取决于许多复杂因素，而地下空间工程中一般注重防震减灾。

防震减灾的措施有以下几种：

1. 重视勘测设计，提高地下工程的结构强度

查明地下工程所遇断层的近期活动性、活动方式与活动量等特征。推断工程使用期间断层是否有突发活动，对活动性较大的断层，应布置专门的监测系统，在地震发生前，对地下工程运行管理采取一定措施，以避免或减轻损失。

隧道等地下工程进出口段容易遭到破坏（图 7-6），应尽量选择在地质条件较好的地段，避开断裂破碎带。风化卸荷带、滑坡体和饱和砂土地区，并采用钢筋混凝土衬砌、喷锚支护等措施加固。

傍山隧道等地下工程尽量靠向山体内部，保持较厚的外侧盖层，洞线选择应处于地下水位以上，尤其应回避大的阻水断裂带和饱和砂土区，洞线应避免与最大土压力方向一致。预防地震时地下水压骤增和松散土层对地震效应的放大导致的地震灾害加重。避免岩爆和诱发地震发生。

应力集中的部位应采取防震加固措施。在坑道转弯处和折角处，易出现应力集中现象，可采用钢纤维混凝土等既有足够强度又有较高变形能力的材料，能较好地吸收地震能量，避免在

地震荷载作用下在钢筋屈服之前发生脆性破坏。坑道的断面形状最好不发生变化，当需要变化时可缓慢过渡，不宜突然变大或缩小。两洞相交的交角不宜太小，尽量成正交，并且避免三洞相交于同一位置或者交点相距太近。

图7-6　地震滑坡破坏隧道进出口

地下工程的主体结构应尽量避开断层。也不要横跨断层。如无其他选择，亦须了解断层是否活动，并在设计中采取相应措施，保证结构的稳定性。由于节理及裂隙是地表水和地下水的通道，如构造岩石为石灰岩、石膏等，水沿裂隙流动，易发展成溶洞，如果地下工程的坑道顺着岩层的节理或裂隙修筑，则形成的溶洞，会使坑道结构应力重新分布，受力不均匀，出现不稳定现象。另外，对于节理和裂隙发达的地区，岩层整体性差，坑道周围所产生的地层压力较大，必须相应加强结构强度。

2. 加强地震预报

地震预报的含义是对地震发生的时间、地点、震级的超前预报。通常按预报的时间长短把地震预报分为长期（几十年到几年）、中期（几年到半年）、短期（半年到半个月）、临震（半个月到几天）预报（图7-7）四个阶段。国内外学者研究认为，大地震的发生是有一定的孕育过程的。

在地震孕育过程中，震源区及周围区域的介质和应力状态要发生明显的变化，通过在地面附近进行的多种观测可能窥测到这些变化。因此，有可能根据在地表观测到的前兆性异常来预报地震。只要从事地震预报和防震减灾的广大科技工作者，充分利用丰富的信息资源和先进的科技手段，就一定能够做好地震的预报工作，最大限度地降低地震灾害损失。

3. 采取抗震减震措施

地震灾害造成损失的主要根源是建筑物的破坏与倒塌。因此，对于地下工程及其设施设备，只要采取抗震加固措施，就会大大减少地震灾害的损失。对于新建地下工程，要严格执行所在地区的抗震设防烈度标准，达到“小震不坏、中震可修、大震不倒”的设防目标。我国《建筑抗震设计规范》（GB 50011—2010）已增加了隔震和消能减震设计的有关内容。隔震和消能减震是建筑结构降低地震灾害的有效途径。

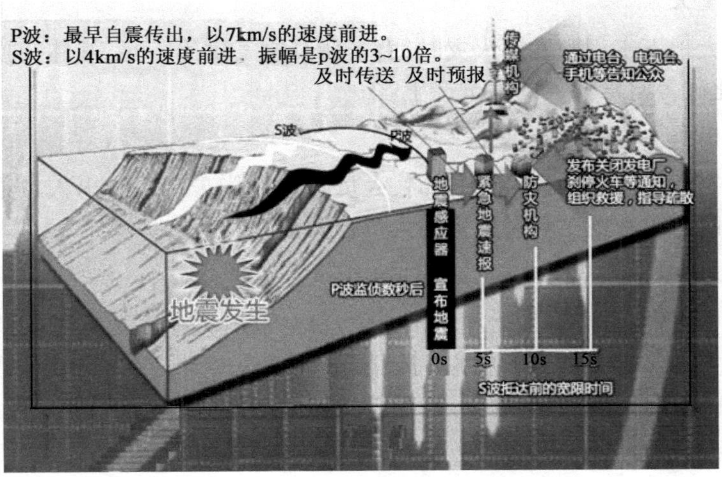

图 7-7　日本紧急地震速报系统示意图

地下工程抗震减震应采取以下措施：一是地下工程建设时，应广泛采用钢纤维混凝土、智能材料、碳纤维布加固混凝土等新材料、新技术；二是对人员长期居住和存放重要物资器材的地下工程，应采用减震隔震地板和防碰撞墙衬等措施；三是对超长地下隧道，应修建辅助疏散通道和紧急避难场所。

第三节　火灾防护

对地下空间来说，可燃物、适当的通风和供氧条件以及足以引起燃烧的火源构成了地下工程火灾的主要因素。

城市地下空间是人类潜在而丰富的自然资源。早在 1991 年 12 月，东京城市地下空间利用国际会议上，与会代表就曾预言，21 世纪是人类开发利用地下空间的世纪。随着地下工程的建设，一些可燃物品进入地下，加之 70 年代单独为战备而修建的地下工程一般都没有考虑消防问题，使地下工程产生了火灾隐患或火灾的发生。

一、地下空间工程火灾危害的特点

由于大多数地下工程都是用混凝土建造在土中或岩石中的，对外部发生的各种灾害具有较强的防护能力。因此，城市地下工程与地面建筑相比，不易受到火灾的危害。但地下工程是一种埋入地下的封闭式空间，人们的方向感往往较差。因此，当灾情发生后，混乱程度比在地面上严重得多，防护的难度也大得多。地下工程内部火灾的特性主要有以下几个方面：

1. 氧含量急剧下降

火灾发生时，由于地下工程的相对密闭性，大量的新鲜空气一时难以迅速补充，使空间内氧气含量急剧下降。国际消防法规规定，在空气中氧含量降到 10% 以前，人员应全部疏散。

2. 产生烟气量大

火灾的危害大地下工程内发生火灾时，由于新鲜空气供给不足，气体交换不充分，燃烧不完全，导致一氧化碳等有毒烟气的大量产生。

3. 人员疏散困难

地下工程只有数量有限的洞口，火灾时，人员疏散只能步行通过出入口或联络通道，地面建筑火灾时使用的消防救助工具对地下的人员疏散则无能为力。

4. 灭火救援难

地下工程发生火灾时，究竟发生在哪个部位难以判断，人们需要详细询问和研究工程图，分析可能发生火灾的部位和可能出现的危险情况，而后做出灭火方案。由于出入口有限，消防人员在高温浓烟的情况下，难以接近火点，扑救工作面十分窄小。

5. 排烟困难，散热慢

地下建筑内失火，与地上建筑失火情况完全不同。地上建筑着火时，可以开启门窗，进行散热和排烟。地下建筑为厚的钢筋混凝土衬砌和岩土介质包围，出入口较少且面积有限，有时人员出入口可能就是喷烟口。地下建筑通风条件不如地面建筑，对流条件很差，因而排烟排热也不如地面建筑(图 7-8)。

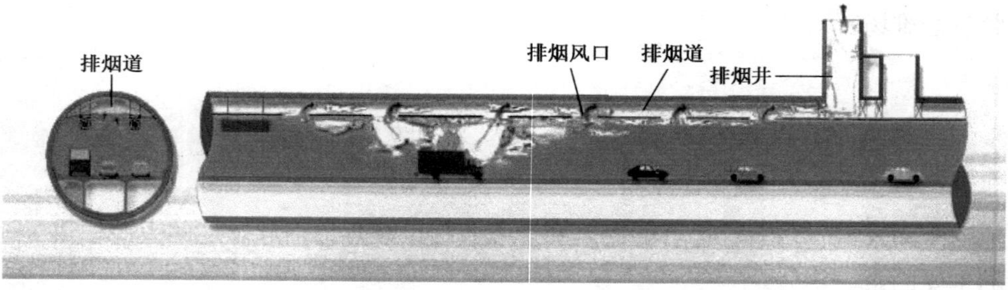

图 7-8　隧道排烟示意图

6. 高温高热全面燃烧

就其可燃物来说，由于使用性质不同，可燃物量也不一样。在地下建筑封闭空间内，一旦发生火灾，大量可燃物燃烧，室内温度升高很快，会较早地出现全面燃烧现象。在地铁车站、地下商场、地下旅馆、饭店、地下影剧院、舞厅等人员相对集中的公共活动的地下空间，往往忽视防火规范要求，片面追求地下建筑装饰的多样化和高标准。一些地下建筑的不适当的装修，给地下建筑的安全带来了诸多火灾隐患。

7. 安全疏散困难

地下建筑内的安全疏散有以下两个方面的不利因素：

(1)有些地下建筑内的各种可燃物质，燃烧时会产生大量的烟气和有毒气体(如 CO，CO_2 及其他有毒气体)，不仅严重遮挡视线，使能见度大大降低，还会使人中毒窒息，危害极大。

(2)地下建筑发生火灾时，室内由于正常的照明电源切断，变得一片漆黑。如地下工程内不装设事故照明和紧急疏散标志指示灯,使工作人员根本无法逃离火场。地面建筑即使是月夜地面照度也有0.21m,地下建筑内无任何自然光源,加上浓烟滚滚,使疏散极为困难。

8. 扑救困难、危害大

地下建筑的火灾比地面建筑火灾扑救要困难得多。国外一个消防专家把扑救地下工程的火灾难度,看作与扑救超高层建筑最顶层火灾的难度相当。我国地下建筑发生的数起大的火灾,最长的燃烧时间为41d。与地面建筑相比,地下工程火灾扑救困难的原因是:

(1)探测火情困难。

(2)接近火场困难。

(3)通信指挥困难。

(4)缺少地下工程报警消防专门器材。

二、地下空间工程火灾原因

1. 违反电气安装和使用安全规定

这是引发地下工程火灾的主要直接原因。电线应该穿阻燃管却用一般绝缘管代替;有的装了接线盒却不装盖子,有的甚至连接线盒也省掉,从而引起短路打火。

2. 吸烟及用火不慎

地下工程中可燃物较多,许多人没有安全防火意识,常在作业时吸烟及遗留烟头;或者炊事用火及灯火管理不慎等,都会引起火灾。

3. 线路过负荷

线路过负荷,就有过多的电流从线路上流过,产生较多的热量,但又来不及全部散发掉,导致线路绝缘燃烧或使绝缘损坏失去绝缘能力,造成短路,引起火灾。如某变电所地下电缆隧道发生火灾,烧毁电缆数千米,造成重大经济损失。

三、地下空间工程火灾防护措施

地下空间防火主要措施如下:

1. 合理规划布局

城市的地下铁道、公路隧道、地下商业街、地下停车场等地下建筑,与城市地下总体布局规划相结合,增强城市总体防灾、抗灾能力。火灾发生时,地下铁道、地面建筑、其他地下通道之间要有可靠的防火分隔,有效地阻止火势蔓延扩大,减少火灾的损失。

2. 选择钢筋混凝土结构

地下建筑内长时间高温燃烧,会引起钢木结构大面积倒塌,基本上无法修复。大火连续延烧几十个小时,隧道内部钢筋混凝土保护层只是局部脱落,部分烧灼,大部分经检查修复后可以继续使用。高温下混凝土的性能很大程度上受含水量、所用填料类型、配筋率以及其他配料设计等因素的影响,如混凝土中加入聚丙烯纤维可能在火灾中形成膨胀空隙。

3. 合理选择装修材料

地下工程的装饰材料应选择不燃、难燃材料和阻燃处理的材料,这样可以使装饰材料燃点增高，使其不易着火，即使着火，燃烧蔓延速度也较慢，以便为扑灭初期火灾及组织安全疏散赢得时间。

4. 合理选择出入口位置和数量

一个车站出入口通过能力总和，应大于该车站远期超高峰的客流量。鉴于目前我国地下铁道车站浅埋占多数，故要求浅埋车站出口数量不宜少于4个，小站出口可适当减少，但不能少于两个，并随客流量的增加，出口数量也要相应增加。

5. 防火分区划分及要求

地铁车站面积多在5000～6000m^2之间，一旦发生火灾，如无严格的防火分隔设施，势必蔓延成大面积火灾，造成不应有的损失。对此应采用防火墙、防火卷材加水幕或复合防火卷材等。站厅和站台是乘客进出站、上下车的场所，由于客流量大且进出频繁，在站厅和站台上采用防火隔墙划分防火分区是不恰当的。这时可采取较灵活的防火处理设施，即用水幕保护的防火卷帘代替防火墙或防火门。防火卷帘上留小门并采用两级向下滑落的金属门，目的是便于消防人员的扑救和乘客及工作人员的安全撤离。防火门在关闭后能从任一侧手动开启，考虑到在防火门关闭后，要将个别未及时逃脱的人员疏散出去，以及外部人员进入着火区进行扑救的需要，每一个防火分区安全出入口不少于两个。当其中一个出口被烟火堵住时，人员可由另一个出口疏散。竖井爬梯对妇孺老幼使用不便，且疏散人数有限，因此不能作为安全出口。

6. 联络通道的防火作用

根据国内外地下铁道运营中事故的灾害分析，列车在区间隧道发生火灾而又不能牵引到车站时，乘客必须在区间隧道下车。为了保证乘客安全疏散，两条隧道之间应设联络通道（图7-9），这样可使乘客通过另一条隧道疏散到安全出口。通道也可供消防人员扑救时使用。联络通道两端应设防火卷帘门，人员撤出着火隧道后，应及时落下防火卷帘，以免火焰向另一条隧道燃烧。

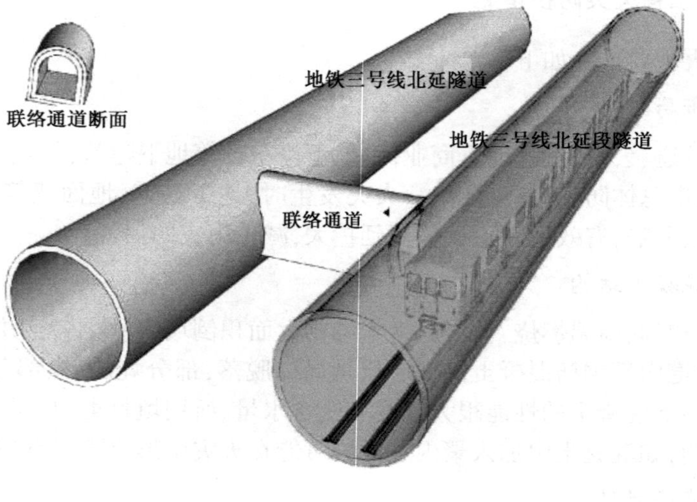

图7-9　区间隧道联络通道

7. 设置地下铁道火灾自动报警系统

考虑原则应当是,凡是发生火灾后而影响全局的重要部位和火灾危险大的部位均应设置,大部分场所宜设火灾自动报警装置。

第四节　隧道及地下工程的防水

地下空间工程处于地面高程以下,一方面,是地上泛滥河水极易流入的封闭性空间,另一方面,地下空间工程时刻受到地下水的渗漏浸泡危害。

地下工程在建造投入使用以及对其进行维护的过程中,都会出现一些问题。地下工程的结构渗水就是一种较为常见的问题,特别是在大规模的地下结构工程中出现的结构病害,这种长期的渗漏会腐蚀建筑物混凝土中的钢筋结构,因此必然会影响到建筑混凝土结构的使用安全及其使用寿命。所以,地下工程防水对于设计者和建造者来说就显得尤为重要。

防水应紧密结合工程地质和水文地质条件确定防水原则。

目前地下工程防水存在许多问题,包括:防水体系不完善,接缝防水处理不当,混凝土自防水不达标,结构外防水失效,地下连续墙渗漏,底板与顶板沿桩柱渗漏,盾构衬砌及拱梁柱接头部位漏水,基础底板下防水垫层与基础黏结不牢产生漏水及外墙立面外贴防水层失效等。地下工程根据建造方式与用途大致可分为隧道工程,如铁路、公路隧道、地下构筑物如人防工程、城市共用沟、水工构筑物等,以及地下建筑物,如建筑物(多用途)地下室、地下厂房、仓库、车库,地铁车站、城市地道、商业街等。《地下工程防水技术规范》(GB 50108—2008)根据设防要求将地下工程防水等级分为 4 级。设计单位应根据工程的重要性和使用中对防水的要求,按工程类别选定防水等级,以便进行定性、定量检查,保证防水工程的质量和可靠性。

一、地下空间水灾事故危害

在地下空间较长的运营期间(一般按 50 年或以上考虑),局部气象、水文和地下水环境等因素的较大变化将对在规划、设计和施工阶段考虑不周的地下空间产生如下两类不利影响:一类是大量水体瞬间向地下空间涌入,造成地下空间运营系统暂时瘫痪,这一问题带有很强的突发性,并可能造成较大人员危害或财产损失,属于水灾问题,通常情况下多由地表水体或暴雨引起;另一类是区域性地下水位的回升,是一个渐变过程,孔隙水压力和浮力增加会对设计欠合理的地下结构造成不同程度的破坏,属于水害问题,水害问题在一定条件下也会向水灾问题转化。如当设计欠合理的地下结构在高水头压力作用下可能出现局部破坏后,大量的地下水涌入,最终也会酿成运营期间的地下空间水灾,这种现象在地下采矿工程中常有发生。

目前国内外大量关于地下空间的水灾研究,大多数集中在施工期间地下水不利影响和运营期间的地表水及暴雨的不利影响,而针对运营期间地下水不利影响尚未引起足够的重视。

二、地下空间水灾事故原因

1. 防水层质量不过关

这主要是材料方面和施工方面的原因,也有设计方面的问题。若材料在生产、运输、储藏的过程中产生偏差则属于质量问题。因此,在材料的选择上,要注意鉴别材料的性能能否满足防水使用年限的要求,材料是否能满足质量控制的要求。而施工方面的问题则涉及整个地下工程的设计过程和建造过程,一般来说,在设计地下工程时,应严格按照防水工程的相关设计规范进行设计,降低施工过程中的返工和对结构的破坏。在施工时要能够确保防水混凝土的质量。

2. 地下工程自身的结构变异

由于整个地下工程长期处于较为复杂的环境中,在此期间会对整个结构产生影响,导致结构变异的因素诸多,一旦变异发生,结构会出现诸如变形、开裂、移位、混凝土剥落等现象,从而导致防水体系失效。例如,围岩的流动性会致使后期的围岩应力在长期的调整过程挤压防水板,导致地下工程造成防水层失效。四季交替以及较大的温差,会使得结构面临强烈的冻胀力,使结构产生开裂、移位、变形等现象,也会造成地下工程防水失效。

3. 自然因素和外部环境的影响

如被腐蚀性介质的破坏,微生物的腐蚀,力场作用力的破坏和大气环境以及时间的作用所导致的高分子有机材料的降解等(图 7-10)。除了这些影响,地下工程还随时面临着地下围岩和衬砌结构长期的相互作用所产生的挤压、变形等因素对防水体系产生的损害作用。

图 7-10　自然环境导致地铁水灾

4. 来自使用不当,维护和管理的原因

当排水系统出现堵塞、排流不畅等情况时,若维护不善,将会致使水压长期积累,从而引起结构的开裂,破坏地下工程防水系统。在较为严寒的地区,由冰冻所产生的冻胀力是导致地下工程结构开裂,造成排水管堵塞和破裂的重要原因,因此对地下工程进行维修和养护是十分有必要的。

三、地下工程防水设计基本原理与方法

1. 自防水材料

结构自防水即混凝土结构本体防水,它是人为的从材料和施工等方面采取措施抑制或减少混凝土内部空隙生成,提高混凝土密实性,从而达到防水目的。结构自防水的主要材料是普

通硅酸盐水泥,矿渣水泥,粉煤灰水泥等。这些材料的抗渗性和耐久性都比较好,但由于防水混凝土的抗拉强度低,变形小,易于收缩,往往会破坏结构的整体性能,此外普通防水混凝土内部空隙也容易形成渗水通道,结构自防水的关键是减少结构裂缝,这与混凝土材料"结构设计方案施工工艺"结构使用环境等因素有关,混凝土的抗裂性和结构裂缝的处理是结构自防水的两个重要方面。

2. 全面考虑地下水的影响

(1)合理确定防水等级。

(2)结构平面形式和外形。

(3)重视细部构造的防水设计。

(4)防水设计要考虑现场条件。

(5)防水设计时应充分考虑施工条件。

(6)防水设计要特别重视防水材料的选择。

(7)强调采用软保护层。

3. 水灾防治措施

(1)工程措施

充分考虑到防洪需要，在地下空间出入口处应高出地面一定距离(如地铁的出入口及通风口下沿须高出地面150～450mm)。对于线状地下空间,如地铁,若其位于下跨地表水体,则在地表水体以下的区间段的两端均应加强防淹门的设计工作,必要时辅以排水措施。

(2)预警和疏散措施

根据相关研究成果,地下空间的出入口被淹主要是受暴雨及地面积水的影响,因此可根据天气预报及时做好地下空间出入口的临时防洪措施。对于下穿地表水体的地下空间(如地铁隧道和地下交通直径线等)遇到地震或特殊灾害性天气时与有关部门建立网络联系,加强对非常灾害的预测预报,及时做好关闭防淹门的各项措施,包括暂时中断地铁运营,疏散地铁乘客及有关人员,以应付突发事故的发生,使灾害的危害降到最低程度。

(3)环境生态措施

考虑当地的水资源和生态环境的特点,建议从传统的被动的水力学防洪理念(如加强防淹门设计,提高防洪标准等)转向到生态主动的水文学防洪理念(如城市雨水利用),这是一项意义深远的工作。就是在城市范围内采用各种措施对雨水资源加以保护和利用,这在发达国家已经有几十年的历史。雨水利用,一方面通过收集、储存和净化后直接利用;另一方面通过各种人工或自然渗透设施,使雨水渗入地下,补充地下水资源。当地的雨水利用不仅仅是利用雨水资源和节约用水,还应减缓城区雨水洪涝和地下水位的下降。

第五节　施工诱发环境灾害的预测和防护

在灾害类型研究中,国内有学者将包含有人为因素和自然因素两部分致灾因子共同作用而成的灾害称为环境灾害,并把环境灾害与自然灾害和人文灾害并列为灾害的一级分类,即灾害的三分法。据我们所知，目前国内研究环境灾害的著作有两本，即2000年曾维华等的《环境灾害学引论》和2008年张丽萍等的《环境灾害学》。他们都指出了环境灾害有广义和狭义之分，且两者观点基本相同。广义环境灾害是指自然环境中蕴藏的对其自身有威胁作用的某些因素发生变化，累积超过一定临界度，致使自然环境系统的功能结构部分或全部遭到破坏，进而危及人类生存环境，导致人类生命财产损失的现象。这一定义强调是自然因素产生了自然环境破坏和生命财产损失，等同于自然灾害。狭义环境灾害是指人类活动作用超过自然环境的承载能力，致使自然环境遭到破坏，失去其服务于人类的功能，甚至对人类生命财产构成严重威胁或造成损失的现象。这一定义，其特征是由人类活动引起，同样产生人类生命财产损失，等同于人为灾害。

一、施工诱发环境灾害

环境是指围绕着人群的空间，及其该空间中可以直接、间接影响人类生活和发展的各种自然因素的总体。地下工程施工同样存在与其周围环境的相互影响。地下工程的环境主要指周围的岩土体、临近的建筑物、地下水、附近的居民生活等。地下工程施工引起的环境影响主要包括：施工对周围岩土体的扰动，引起岩土体变形，可能影响地表建筑和已有的管线设施；施工引起地下水水位、水质的变化；施工产生的振动、噪声等对周边环境的影响等。

1. 地下工程施工引起的地表移动与变形

地下工程施工是在岩土体内部进行，无论其埋深大小，施工不可避免地对岩土体产生扰动，使其失去原有的平衡状态，而向新的平衡状态转化。施工可能严重影响地面沉降和塌陷，从而导致道路路面破损、地下已有管道破坏以及建筑物、构筑物的损坏，这些问题严重影响人民生命财产安全及工程的建设，并造成严重的经济损失和社会影响。因此，城市中进行地下工程施工时，要与保护城市中有历史意义和经济、社会意义的设施协调起来。根据地表保护的要求，采取有效措施来减小变形，以使地表房屋、道路、管线等不致造成损害，生态环境不致恶化。

2. 地下工程施工对邻近建筑物和管线的影响

随着城市建设的发展，城市地下工程的修建日益增多，在市区修筑地下工程，尤其是在地面建筑设施密集、地下管线复杂的城市中心地区，施工开挖引起的地面沉降将有可能危及周围地面建筑设施、道路和地下管线的安全，以及对地表植被产生不利影响，有时还会直接影响到城市建设规划。地下工程开挖施工中伴随着地层应力状态的改变和调整，因而相应地引起地层及地表位移和变形。这种位移和变形与土的自重以及附加应力作用引起的土的固结沉降在沉降速度和空间分布上有着不同的特点。通常，工程施工可以在一段较短的时间内引起较大的位移，而这种快速变形对于建筑物的危害性可能更大。地下管线可分为刚性管线和柔性管线。通常，刚性管道在土体移动不大时可正常使用，土体移动幅度超过一定限度时则发生断裂破坏。对于柔性管道，受力后接头可产生近于自由转动的角度，接头转动的角度及管节中的应力小于允许值时，管道可正常使用，否则也将产生断裂或泄漏，影响使用。

3. 地下工程施工对地下水的影响

地下水是指在地面下的岩土体中，水位以下存在的水。地下水作为岩土体赋存环境因素之一，影响着岩土体的变形和破坏，影响着地下工程的稳定性和周围建筑设施的安全。地下工程施工常需要采用水泵将施工区的地下水位降低，以疏干工作面，改变着施工区周围的地下水的分布。同时岩土体的变形对地下水也产生影响。岩土体中地应力的改变(因地下工程施工作用)引起岩土体结构的变化，从而影响岩土体的渗流特性(改变了岩土体的渗透性、渗流边界条件以及渗透压力)。岩土体中温度场的改变也引起地下水流速和渗透压力的改变。地下水与岩土体同处于地质环境中，在时间和空间域内发生相互的改造作用，使地质环境经受着不断地调整状态，当这种调节处于极限状态时，地质灾害将会发生。

4. 地下施工的“三废”危害

所谓“三废”，即废渣、废液、废气。在隧道及地下工程施工中皆有存在，但比较突出的是大量的废渣处理。长大隧道施工出渣量达几十万甚至上百万立方米，多处在地质灾害频发的高山峡谷中，如果处置不当，会加剧灾害发生的频度和规模。由于地形限制，要妥善处理大量的弃渣十分困难。在大城市中进行隧道及地下工程施工，弃渣运输和处理也非易事，往往被高额的成本所困。

地下工程废液也很有害，它由地下水、施工用水、泥浆、机械用油、残存的爆炸物、水泥及其添加剂等混杂而成，排流出洞。如果不对这些废液做适当的净化处理，任其流淌，则会对下游水源及河流造成严重污染，危害人畜及其他生物的生长。

隧道及地下工程废气是指洞内排出的被污染了的空气，其中含有爆炸产生的气体和烟尘，工作机械及运输车辆尾气，地层中蕴含的各种气体，也有洞内工作人员呼出的气体，这些混杂在洞内空气中的有害气体会给洞内工作人员的生命安全和身体健康带来极大威胁。洞内废气被排出洞外以后，很快便扩散在大气中，尽管它对洞外空气有所污染，但数量有限，程度轻微，不被人们所关注。

5. 地下工程施工引起的其他环境影响

地下工程施工除了上述的环境影响外，还有施工中施工机械的振动、噪声，施工产生的粉尘等对附近居民生活的不利影响。工程施工中也要对这些环境影响进行预计，并采取各种有效措施把这些影响降到最低程度。

二、施工诱发环境灾害的原因

1. 对场地工程地质情况缺乏全面、正确的了解

许多地基与基础工程事故源于对建筑场地工程地质情况缺乏全面、正确的了解，没有正确了解建筑场地土层分布、各土层物理力学性质，就错误估计地基承载力和地基变形特性，导致发生地基与基础工程事故。造成设计人员对建筑场地工程地质和水文地质情况缺乏全面正确的了解，主要有下述情况：工程勘察工作不符合要求，建筑场地工程地质和水文地质情况非常复杂，没有按规定进行工程勘察工作。

2. 缺乏全面勘查和系统规划

从防灾减灾和科学有序开发利用城市地下空间大局着眼，需要开展信息调查，并进行全面的勘查和系统的规划，在此基础上才有可能实现合理避险和科学合理地利用地下开发空间资源。但到目前为止，全国城市中尚无全面勘查的先例，系统的地下空间开发利用规划也是“凤

毛麟角”。因此,城市地下空间开发过程存在一定的“盲目性”。

3. 低价中标对施工的不良影响

在建筑市场竞争日益激烈的情况下,承包商为了求生存,图发展,迫不得已千方百计压低标价甚至于采取低于成本价方式竞标以赢得工程项目。中标企业为了追求利润,不惜偷工减料以降低工程成本,或以更低的价格进行分包,而分包单位又再次将工程分包给技术水平差的施工队伍。分包后,中标企业只管协调、收费和整理资料以便交工使用,施工由分包单位自行组织。分包单位为了抢工期和节约资金,便一切从简。其他的安全制度,也是能免则免,不能免的也只是走走形式。

三、防护措施

1. 从长计议,适当提高设计与施工标准

工程建设的目的是利国利民、造福社会。在新中国建国初期,我国技术落后,财力不足,为了尽快满足人民群众物质生活的最低需求和维持国家政权的安全稳定,基础设施建设重速度、轻环保的倾向是不能完全避免的,也是可以理解的。但在60多年后的今天,国家已经有了良好的发展基础和相当强大的经济实力,工程建设就应该把环境保护放在首要位置。随着地下工程技术水平和施工生产能力的提高,应该把选择地下施工技术方案的主导思想由以工程实施为主转变为以自然生态环境保护为主,也包括对施工人员的保护,要尽可能地减少对地层和地下水的扰动和破坏;对工程“三废”的处理应纳入设计,设置专门章节,足额预算,专款专用;对于那些不可再生的环境资源和物种,一定要慎之又慎,不惜代价,强行保全。

2. 城市地下空间工程环境地质灾害的防治

(1)加大与城市地下空间开发有关地质灾害的科学研究。城市地下空间地质灾害学科涉及土地资源学、城市环境工程学、隧道工程学、土力学、岩石力学、系统工程学等多门学科,发挥各学科优势,奠定城市地下空间地质灾害防治的理论基础,用以指导有关的实践活动。

(2)了解地质灾害的基本规模,分析影响地下空间地质灾害的各种因素,研究成因机制,用计算机等先进技术手段研制出反映地质灾害规律的数学、物理模型,并进行监测预报。

(3)地下工程稳定性评估地基的好坏直接影响着工程建筑物的基础稳定性和持久性,也影响建设工程的造价。如软土层、淤泥层、有机质含量高的黏性土以及砂层易液化等土壤,其承载力很低,这些地区的地基应进行加固处理。因此,在地基地质环境评价时,应弄清不同成因、不同岩性的分布及物理力学性质,评价地下水埋深、变幅和水的侵蚀性。只有这样才能保证地下建筑的稳固性,提高抗御灾害的性能。

(4)做好城市地下工程开发地质灾害的评价、监测和预测城市地下空间开发地质灾害分为自然地质灾害(如地震)和城市人类活动诱发的人与自然结合型地质灾害(如地面塌陷、沉降、裂缝和砂土液化等)。突发性、直下型的自然地质灾害会给城市带来很大的危害。因此,应查明城区的地质环境背景和地质灾害活动史,综合评价出城区未来地质灾害的危险性。同时,应预测城区在人为活动影响下可能产生新的地质作用的趋势和强度,以便在城市建筑中采取相应的对策,为当地政府制定地下空间防灾减灾预案提供科学依据。

3. 提高工程施工机械化和专业化水平

在有使用条件的情况下，长大隧道施工采用隧道掘进机（含盾构、全断面掘进机和摇臂式掘进机）比钻爆法有较大的环保优势。它对地层的破坏程度要小得多，洞内的施工环境也远好于钻爆法，可以最大限度地减少或不设置施工辅助坑道。在现阶段，多数情况下采用掘进机的施工成本会略高于一般的钻爆法，但是出于对自然环境的保护和施工人员的健康及安全，这个代价是应该的，也是必需的。同是钻爆法施工，使用液压凿岩台车较手持风钻要先进得多。液压凿岩台车不单速度快、效率高、能耗低，而且可以大幅度降低工人劳动强度，提高安全防护能力。目前，国内隧道及地下工程钻爆法施工大多数仍停留在20世纪60～70年代产生的手持支腿风钻的水平上，落后太多；多数施工企业恣意侵占廉价劳力，无视施工手段进步对环境保护和人员健康安全的积极作用，这是不应该出现的事情。从环境保护的角度来讲，轨道运输和皮带运输较好；尤其是轨道运输为双向功能，耗能少、效率高、无排放，是环保节能型的运输方式，应该在隧道施工中大力提倡。隧道施工有轨运输在20世纪60～70年代是全部推行的，可惜的是现在却很少采用，原因是轨道运输初期投入大，使用、管理要求专业化程度高，急功近利的心态排斥了有轨运输的采用，原来禁止入洞的非净化车辆如今成了隧道施工运输的主力军。这方面国家应该立法予以明确。

4. 做到达标排放和工程材料无公害

隧道施工废水排放对水环境的影响不可小视，只要有废水排放就必须有合格的净化处理设施，所有洞口都要做到达标排放，不留死角。

废渣堆放（弃渣场）应有地质稳定性评价，弃渣堆放形式应有标准设计，弃渣处理费用（包括运费）应算足，施工期要加强监督管理，渣场变更应有严格的审批手续。

地下工程建设所使用的材料不单接触大气，还要紧贴地层。所以，使用环保型材料势在必行。使用最多的材料是水泥及其添加剂、速凝剂、钢材、炸药及爆破器材、注浆材料、防水材料和施工用水等。洞内作业比较突出的问题是炸药的品质，其爆炸后的烟尘和遗留物，如氮化物，对工作人员的身体健康危害很大。国家应指示有关部门研制无毒害或低毒型炸药用于地下施工。再就是浆液材料和水泥添加剂及速凝剂将直接融入地下水，会对邻近水源造成污染，因此，政府部门应严加监管。

第六节　地下工程事故灾害的防护

一、城市地下工程事故及危害

2003年7月1日，上海地铁4号线浦西联络通道发生特大涌水事故。大量流砂涌入隧道，引起隧道部分结构损坏，周边地区地面沉降严重，导致黄浦江大堤沉降并断裂，周边建筑物倾斜、倒塌，对周围环境造成严重破坏。事故造成直接经济损失约1.5亿元人民币（图7-11）。

2004年9月25日，广州地铁2号线延长段琶洲塔至琶洲区间工地基坑旁的地下自来水管被运泥重型工程车压破爆裂，大量自来水注入基坑并引发大面积塌方，塌方面积超过

$400m^2$,此事故导致琶洲村和教师新村数千居民的用水近 8h 处于停水状态。

图 7-11 上海地铁涌水导致地陷

2006 年 1 月 3 日,北京东三环路京广桥东南角辅路污水管线发生漏水断裂事故,污水大量灌入地铁 10 号线正在施工的隧道区间内,导致京广桥附近三环路南向北方向部分主辅路坍塌,车辆被迫绕行,虽未有人员伤亡,但造成了重大经济损失和恶劣的社会影响。

2007 年 2 月 5 日,江苏南京牌楼巷与汉中路交叉路口北侧,南京地铁 2 号线施工造成天然气管道断裂爆炸,导致附近 5000 多户居民停水、停电、停气。金鹏大厦被爆燃的火苗袭击 8 楼以下很多窗户和室外空调机被炸坏(图 7-12)。

图 7-12 南京地铁施工造成燃气爆炸

2007 年 11 月 29 日,北京西大望路地下通道施工发生塌方(图 7-13),导致西大望路由南向北方向主路 4 条车道全部塌陷,主辅路隔离带和部分辅路也发生塌陷,坍塌面积约 $100m^2$,此事故虽未造成人员伤亡,但导致该路段断路,交通严重拥堵。

2007 年 3 月 28 日,位于北京市海淀南路的地铁 10 号线工程苏州街车站东南出入口发生一起塌方事故,此事故导致地面发生塌陷,并造成 6 名工人死亡。

图 7-13 北京西大望路地下通道施工塌方

2008 年 11 月 15 日,杭州地铁萧山湘湖段发生施工塌方事故,导致萧山湘湖风情大道 75m 路面坍塌,并下陷 15m,正在路面行驶的约 11 辆车辆陷入深坑,造成 21 人死亡,这是中国地铁建设史上最为惨重的事故。导致坍塌的直接原因是施工技术的不合理以及设计单位缺乏设计经验,深层次原因也包括施工行业普遍存在的转包分包的顽疾以及建设单位不按科学办事的态度。

以上几起事故仅仅是中国城市地下工程建设事故的缩影,实际发生事故的数量是惊人的,其中造成巨大经济损失、引起严重社会影响的例子不胜枚举,这使我们深刻认识到在城市地下工程建设中面临着巨大的挑战。

二、地下工程事故原因

1. 工程地质及水文地质条件异常复杂

工程地质及水文地质条件是城市地下工程设计、施工最重要的基础资料,把握好工程地质及水文地质资料是减少安全事故的前提。但由于地下工程的隐蔽性,地质构造、土体结构、节理裂隙特征与组合规律、地下水、地下空洞及其他不良地质体等在开挖揭示之前,很难被精细地判明。大量的试验统计结果表明,岩土体的水文地质参数也是十分离散和不确定的,具有很高的空间变异性,这些复杂因素的存在给城市地下工程建设带来了巨大的风险,也蕴含了导致安全事故的根本因素。

2. 工程结构自身复杂

根据城市发展的需要,城市地下工程建设面临着开挖断面不断增大、结构形式日益复杂、结构埋深越来越浅的技术难题。地铁车站、地下商场、地下停车场和地下仓库等地下工程,其跨度尺寸均达到 10m 甚至 20m 以上,而且结构复杂,施工中力学转换频繁。随着地下工程埋深的减小,施工对地面的影响越来越大,在超浅埋条件下,开挖影响的控制与开挖方式、施工工艺、支护方法等众多因素有关,是地下工程施工中极为复杂的问题。

3. 工程建设周边环境复杂

城市地下工程所处的地理位置决定了其建设过程中几乎不可能与周围环境完全隔离,往往是在管线密布、建筑物密集、大车流和大人流的环境下进行施工，在这种客观环境条件下，决定了城市地下工程施工的高风险性，一旦发生事故，后果将非常严重。

4. 立项、规划等决策问题

地下工程在项目投资可行性研究中不重视项目投资风险的预测，只凭借经验和直觉主观臆断，对项目建设过程中或建成后可能出现的风险因素预测不够。如未组织专家进行充分的咨询评估论证，忽视建设项目决策咨询评估制度，未及时发现施工工艺选择不当、技术不可靠、资金没有保证、市场调研不足、投资预算不准等问题，加大了地下工程的前期风险。一些决策者一味强调政绩工程，未能以科学发展观的思想进行多方面考虑，出现决策失误，造成巨大的资源浪费和经济损失，使得前期风险未能最大化的消除，为工程建设留下隐患。

5. 勘察、设计不完善

场地的地质勘察资料是地下工程设计、施工的重要依据。必须准确地、全面地对场地土性、地下水条件等给予评价。在地下工程地质勘察中，地质条件千差万别，地层起伏较大，探孔数量有限，布孔间距过疏，未能反映实际土层物理力学性质。有时探孔数量过少、探孔无法钻至预定深度，而未采取补救措施，以致造成遗漏。由于地质条件的异常复杂，地下结构形式多样，地下结构体与其赋存的底层之间的相互作用关系至今仍不明确，使得目前城市地下工程的设计规范、设计准则均存在一定程度的不足，导致工程设计中所采用的力学模型及分析判断方法与实际施工存在一定的差异。

6. 施工设备及操作技术水平参差不齐

城市地下工程建设队伍众多，施工设备及技术水平参差不齐。由于工程施工技术方案与工艺流程复杂，不同的施工方法又有不同的适用条件，因此，同一个工程项目，不同单位进行施工可能会达到完全不同的施工效果。施工设备差、操作技术水平低的队伍在施工中更容易发生意外安全事故。施工人员管理和策划不当、混乱，随时有事故可能发生。施工机械性能和操作不当，施工人员素质低，为赶工期忽视施工质量，工程监测不当、工程监督管理不当、相邻施工影响、盲目降低造价等都会影响工程质量。

三、地下工程事故灾害的防护措施

1. 勘察、设计的防护对策

（1）做好地质勘察预报工作。掌握施工所处区域的地质和水文地质资料，判明围岩稳定性，以及地下水是否会影响施工，是否具有可疏性，施工位置的选择要尽量避开不良地质地段。在考虑施工安全与工程总造价后确定最优的施工线路。

（2）针对必须穿经的不良地质区段。要做好超前地质预测预报工作，避免地质灾害的发生。多观察地质的变化，检查支护的受力状态，注意地形、地貌的变化，分析可能出现的险情，并做好预防措施，这也是避免产生人身伤害的有效手段。

（3）加强施工与设计的配合。发现围岩情况与设计不符，要及时提出设计的相应改变；选择合适的施工方法，特别是开挖方法，减少对围岩的扰动。最大限度地发挥围岩自稳能力；若施工需要爆破，则尽量减少对软弱破碎地带的扰动，要注意及时搞好支护，保证围岩稳定。

2. 事故发生前的防护对策

(1)人员配备标准化。在基本配备基础上，人员配备应根据工程规模、工程进展阶段，实行专业调配；专职专业牵头，分工负责；同时，要积极建立考核、培训、培养机制，促使在岗工作人员提高技术水平、业务素质，满足施工安全需要。

(2)按规范施工，落实各项安全防范措施。施工前应组织有关人员对地下工程设计文件、图纸、资料，尤其应对勘测设计所提供的工程地质和水文地质资料进行认真详细的研究分析，了解设计意图，并深入细致地作施工调查，对地质资料应进行专门调查研究，特别应查明各种不良地质。设计要求制定科学的施工方案，按规范施工，在施工中落实安全防范措施。

(3)坚持"管生产必须管安全"的原则，落实安全生产责任制。实行一岗双职，提高一线管理人员的安全意识，正确处理安全与进度的关系，在安全与进度发生矛盾时，应先服从安全，在计划、布置、评比生产时，要同时计划、布置、评比安全工作，在编制和下达施工生产计划时，应保证正常的安全文明施工，应在确保安全的前提下加快施工进度，不下达与安全生产相抵触的施工计划，避免搞突击性计划，防止加大安全隐患。

(4)探明地下管线，落实专项保护措施。由于地下工程主要穿过人口密集区，地下各种管线密集，施工过程中极易破坏，所以在施工过程中，必须先探明地下各种管线的种类、位置、数量、走向等，制订科学可行的专项保护措施，才能确保施工安全。

(5)对机械设备实行准入制度。施工所需要的各种机械设备，必须实行准入制度，各种机械的安全性能、安全装置使用期限必须满足要求，产品合格证、质量证明文件等，项目物资设备部在采购机械设备时，对于不达标的、安全性能差的禁止采购。

(6)建立健全项目安全保证体系，并进行有效运行。按照项目管理要求建立安全保证体系，建立各种安全管理制度，按制度进行施工前检查、教育，对所有作业人员和班组要进行安全制度、管理办法、危险源告知、宣传、交底，对所从事作业人员的安全操作规程、各类安全事故、职业病预防等进行专题教育，提高全员的安全意识。

3. 施工过程中的预防对策

(1)加强施工过程监控管理。

(2)地下施工风险管理。

(3)采用信息化施工。

(4)用专人管专业，抓弱点。

第七节 战争灾害的防护

战争是一种特殊的社会历史现象，是人类社会集团之间为了一定的政治、经济目的而进行的武装斗争。

虽然目前我国处于和平时期，但所处境地并不乐观，战争随时都会降临。因此，地下空间工程在开发与利用过程中必须考虑战争带来的各种威胁和灾害。

一、常规武器和核武器的破坏作用

在局部战争的主要作战区域，遭到敌方高技术常规武器袭击的可能性很大。常规武器主要包括炮弹、航（炸）弹和导弹。

对于工程而言，述及的炮弹仅指飞行投掷命中目标的部分，即弹丸部分。炮弹有很多分类方法，按对工程目标的破坏方式，常用炮弹可分为：榴弹、混凝土破坏弹或半穿甲弹、穿甲弹等。

榴弹以炸药爆炸作为破坏防护目标和杀伤人员的主要方式。

混凝土破坏弹（半穿甲弹）、穿甲弹这类炮弹弹壳比榴弹厚，主要用于破坏钢筋混凝土等介质坚固的防护结构。

利用原子核裂变反应或者聚变反应时突然释放的巨大能量起杀伤破坏作用的武器称为核武器。核武器的破坏作用有以下几个方面：

（1）光辐射。

（2）空气冲击波。

（3）早期核辐射。

（4）放射性沾染。

（5）核电磁脉冲。

（6）直接地冲击。

（7）由直接地冲击或空气冲击波沿地面传播产生的地运动。

二、地下工程的战争灾害防护

城市人防工程，顾名思义就是城市里用于战时人民防空袭、防常规武器、防核辐射和防生化武器的工程项目。人防，是人民防空的简称，是国防的组成部分，是指动员和组织人民群众采取措施和行动，防范和减轻空袭灾害。《中华人民共和国人民防空法》中明确规定“人民防空实行长期准备、重点建设、平战结合的方针，贯彻与经济建设协调发展，与城市建设相结合的原则”。而国外则把民众参与实施的战时防空和平时救灾相结合，称为民防。

1. 人防工程在各类灾害中发挥重要作用

人防工程是为防止遭敌军空中打击，保护人民生命财产安全而修建的地下防护工程。具有以下几个方面的作用：

（1）和平时期对战争的遏制作用。

（2）战争初期对敌进攻的迟滞作用。

（3）对战争潜力、经济发展能力的保护作用。

此外，人防工程的防护密闭和通风滤毒设备，在城市突发的化学事故和毒气泄漏事件中，完全可以为群众提供安全的避难场所。

2. 地下工程的防护设计

当前，由于战争潜在威胁的存在和恐怖组织活动的频繁，对地下工程的建筑和结构设计提出了新的要求。地下工程的防护设计应贯穿于方案设计阶段到工程竣工的全过程。通过全过程的防护概念设计，建筑和结构总体布置应做到以下几个方面。

(1)地下工程应合理选址。

(2)为防止结构的受力构件在各种爆炸后产生的破坏引起结构的连续坍塌，设计上应使结构体系具备整体牢固性，结构应具备多次超静定，这是抗倒塌所必需的。

(3)在地下结构或者隧道等穿越危险地段处，为防止爆炸产生局部破坏造成江河大水灌入地下工程引起人员伤亡，在穿越江河的两端应安装防淹门，当有大水进入时，防淹门自动关闭，可以有效地保护人民生命财产安全。

(4)为防止爆炸引起的火灾和恐怖分子纵火，地下工程应严格按消防要求设计。

(5)对遭受爆炸袭击后会产生锋利尖角或者飞屑的材料，如玻璃、陶瓷制品及石料等也应谨慎使用。

(6)针对化学毒剂、生物制剂和放射性物质等，应将地下工程进行合理的密闭。

(7)地下工程内的电力、电子系统对电磁脉冲的防护，最有效的办法是在工程结构上采取必要的屏蔽措施。

3. 城市地下空间工程应考虑人防功能

地下人防工程建设(图7-14)，属于城市基础设施建设，在现代化的发展中发挥了不可替代的作用，尤其在地下空间资源的开发利用成为历史发展必然的背景下，高效合理地利用地下空间资源既是适应社会经济发展的需求，从某种意义上也是对现有人防工程的进一步演变和补充，对城市的安全环境的营造和保护人民生命财产的保护具有重大作用。合理利用地下空间资源，同时结合人防工程设施的建设对于城市的未来发展具有指导意义。

图7-14　人防地下商场

进入21世纪，高技术、信息化成为当前战争尤其是局部战争的主要形态，相应地人民防空在局部战争和维护国家安全中的战略地位越来越重要。人民对于地下防空的意识也慢慢加强，人民防空地下室既可用于平时所需，又可应对战时防空。随着城市化的推进，用地规模的不断扩大，开发利用地下空间，鼓励新建建筑修建人民防空地下室已慢慢成为大家的共识。世界上很多城市都在大力建设地下工程，如瑞士、苏联、新加坡等国家修建了大量的人防工程，这些工程大都是按预定的防护要求设计的，如新加坡地铁东北线上的16个地下车站中有13个考虑了人防掩蔽功能设计。而有些虽然设计时并未考虑防护要求,但对战时的普通防护亦能发挥很大的作用,如纽约、东京等地修建了地下步行系统,这些战时可兼作人防工程。在法制方面,世界各国都对民防建设制定了相应的法律,如美国、英国、瑞典、法国、芬兰、瑞士等国都相继颁布了民防法,不少国家还制定了相应的法令和条例,并不断修改和完善,使之利于民防的建设需要。同时有些国家还对地下空间地下人防工程的修建给予一定的财力支持。总之,各国都努力建立、健全民防法制,使民防建设有法可依,有章可循,从法律和制度上保障民防建设的落实。由此可见,对人防工程的研究具有现实意义。

近年来,随着改革开放不断深入和经济社会快速发展,我国城市建设正处于高速发展期。与经济建设相协调、与城市建设相结合,平战结合人防工程建设也实现了一个跨越跃式发展。对于战争我们要及时做好准备,做到未雨绸缪。然而我们也不能盲目的发展人防事业,经济性是我们必须要考虑的重要因素,我们不能一味求大、求多而忽视了其本身的利益价值,更应该注重地下空间在和平年代平时的使用情况,避免对地下空间和金钱造成巨大浪费,另外,地下工程对平时的开发与使用还能对人防工程起到一定的维护作用。在确保战时安全的前提下,如何实现和完善地下工程对平时的经济与社会效益,提高城市土地利用率、缓解交通压力、协调空间布局,更好地服务于人民大众,创造适于人们活动使用的地下空间具有重大意义。

思考题

1. 地下工程常见的灾害有哪些?
2. 地下工程火灾的原因有哪些?如何进行地下工程的火灾防护?
3. 地下工程的水灾成因有哪些?
4. 地下工程事故灾害的防护措施有哪些?

参考文献

[1] 关宝树,国兆林. 隧道及地下工程 [M]. 成都:西南交通大学出版社,2000

[2] 关宝树,杨其新,地下工程概论[M]. 成都:西南交通大学出版社,2001.

[3] 贺少辉. 地下工程 [M]. 北京:北京交通大学出版社,2006.

[4] 张庆贺. 地下工程 [M]. 上海:同济大学出版社,2005.

[5] 郭院成. 城市地下工程概论[M]. 郑州:黄河水利出版社,2014.

[6] 关宝树. 地下工程[M]. 北京:高等教育出版社, 2010.

[7] 曹平, 王志伟. 城市地下空间工程导论[M]. 北京:中国水利水电出版社, 2013.

[8] 彭立敏, 王薇, 余俊. 地下建筑规划与设计[M]. 长沙:中南大学出版社, 2012.

[9] 姜玉松. 地下工程施工技术[M]. 长沙:中南大学出版社, 2008.

[10] 穆保岗, 陶津. 地下结构工程[M]. 2 版. 南京:东南大学出版社, 2012.

[11] 耿永常. 地下空间建筑与防护结构[M]. 哈尔滨:哈尔滨工业大学出版社, 2005.

[12] 童林旭. 地下建筑学[M]. 北京:中国建筑工业出版社, 2012.

[13] 汤维. 地下工程防水所面临的问题及措施[J]. 灾害与防治工程,2010,68(1):2,70-74.

[14] 尚志海,刘溪林. 试论环境灾害的基本概念与主要类型[J]. 灾害学,2009,26(3):1-2,11-15.

[15] 李名金. 城市地下工程施工对环境的影响[J]. 山西建筑,2010,30(8):1-2,130-131.

[16] 郭陕云. 地下工程防水所面临的问题及措施[J]. 灾害与防治工程,2010,68(1):4-5.

[17] 余良. 常见地基与基础工程事故的分类及原因[J]. 沿海企业与科技,2009,111(08):2,146-147.

[18] 陆慧泉. 地下工程建设对城市公共安全影响的若干问题探讨[J]. 建设经济与管理,2012,34(5):501-503.

[19] 易花,张维奇,周湛波. 城市地铁工程施工安全分析及控制对策[J]. 理论科学,2010,43(4):2,43-45.

[20] 王初生,叶为民,杜灏洁. 上海城市地下工程环境地质效应研究[J]. 地下空间与工程学报,2005,1(2):8,83-286.

[21] 张庆贺,廖少明,胡向东. 隧道与地下工程灾害防护[M]. 北京:人民教育出版社,2009.

[22] 谢新星. 平战结合人防工程地下空间探讨[C]. 湖南:湖南大学,2013:1-8.

[23] 曹平,王志伟. 城市地下空间工程导论[M]. 北京:中国水利水电出版社,2013.

[24] 王梦恕,张成平. 城市地下工程建设的事故分析及控制对策[J]. 建筑科学与工程学报,2008,25(2):1-6.

[25] 孙志军,吕振绘,王义海. 地下工程的事故分类及防治措施[J]. 建筑设计管理,2009,26(5):55-57.

[26] 吴德东. 浅谈地下工程施工安全事故分析与对策[J]. 城市道桥与防护,2011,10:105-108.

[27] 宋建,刘霖,樊赟赟. 地下工程保护生态环境的优越性[J]. 地下空间与工程学报,2013,

9(3):675-678 .
[28] 王福禄.探讨地下工程的现状及其发展前景[J].科技资讯,2013,23:49.
[29] 韩选江.城市地下空间的开发利用及前景展望[J].建筑技术开发,2000,2:6-10.
[30] 李伟宏.影响城市地下空间开发利用的主要因素[J].地下空间 ,1993,02:118-124.
[31] 董雅滨.城市地下空间开发探讨[J].工业建筑, 2006,36(S1):106.
[32] 钱七虎.城市可持续发展和地下空间开发利用[J].地下空间与工程学报.1998(02):69-74.
[33] 刘新荣,王永新,孙辉.城市可持续发展与城市地下空间的开发利用[J].地下空间与工程学报, 2004, 24(z1):585-588.
[34] 戴文亭,白宝玉.我国隧道及地下工程发展现状和前景展望[J].东北公路 2000,4:90-92.
[35] 运飞.我国隧道及地下工程发展现状与展望[J].路桥工程,2015,12:363.